中国古代宠物简史

王丹　刁悦萌◎著

团结出版社

图书在版编目（CIP）数据

中国古代宠物简史 / 王丹，刁悦萌著. -- 北京 ：团结出版社，2025. 9. -- ISBN 978-7-5234-1837-6

Ⅰ. TS976.38-092

中国国家版本馆 CIP 数据核字第 2025WN7588 号

责任编辑：何　颖
封面设计：谭　浩

出　　版：团结出版社
（北京市东城区东皇城根南街 84 号　邮编：100006）
电　　话：（010）65228880　65244790（出版社）
（010）65238766　85113874　65133603（发行部）
（010）65133603（邮购）
网　　址：http://www.tjpress.com
电子邮箱：zb65244790@vip.163.com
经　　销：全国新华书店
印　　装：三河市东方印刷有限公司

开　　本：146mm × 210mm　32 开
印　　张：12.25　　字　　数：198 千字
版　　次：2025 年 9 月 第 1 版　　印　　次：2025 年 9 月 第 1 次印刷

书　　号：978-7-5234-1837-6
定　　价：48.00 元

序　言

不止宠物：中国历史中的虫鱼、猫狗与瑞兽

如今，宠物已经成为人类生活中不可缺少的一部分。越来越多的人热衷于在家中豢养宠物，而且宠物种类繁多。

从历史的角度而言，宠物并非当代才出现。那些被人们钟爱的宠物，和人类一样，都是生活在地球上的物种，同样经历了长期的演化。探讨宠物的历史，了解一种动物是怎样由一种自然物种逐渐和人类发生密切的联系，被喜爱，被豢养，逐渐成为人类的朋友或亲密的“家人”，这是一个十分有趣的事情。

动物从一种自然物种演化成为人类世界的宠物是一个漫长的历史过程。在远古时期，人类先民或许将动物当作一种潜在的威胁物，或许将某种特殊的动物当作具有神秘力量的“超自然物种”。在原始时期，人类还无法对自然界以及自然现象形成科学的认知与理解。换句话说，就是人类先民还无法与思维客

体建立逻辑关系。日升月落、风雨雷电、月圆月缺等一系列普遍的自然现象，都可能成为困扰人类先民的难题。由于缺乏科学知识，他们只能从心灵感受出发，将与宇宙万物相关的思维活动和自身感知混为一体，形成“心物不分”的原始思维结构。在这种思维结构下，人类先民将自我的感知投射到宇宙万物之上，运用想象和幻想形成了对于世界起源和人类起源的认识。

在这样的背景下，一些古老的部族便将某种动物当作图腾崇拜，他们相信自己所在氏族的祖先就是由这样的动物化生的。例如，上古“东夷”有凤鸟崇拜，少昊时期所统辖的部族以鸟为名，有玄鸟氏、青鸟氏等，这些部族不仅以鸟为族徽，还以鸟为官员的标志，如此便形成了一个庞大的以鸟为图腾的氏族部落社会。而商代人以玄鸟作为自己的始祖，《诗经·商颂·玄鸟》曰“天命玄鸟，降而生商”。

中国先民不仅以真实存在的动物作为氏族图腾，而且还幻想出一些具有超能力的神兽，如青龙、白虎、朱雀、玄武、麒麟、螣蛇等。他们面对各种真实的或想象的动物怀着恐惧、敬畏等复杂的感情。然而，不得不承认的是，人类是自然界中最善于学习的动物。在长期的生产生活中，人类逐渐学会了驯养动物，例如驯养牛、山羊、绵羊、马、猪、狗、骆驼等。到了新石器中晚期的时候，人类一方面将图腾与祖先崇拜结合在一起，另一方面期望能够征服猛兽，主宰自然。良渚文化时期的玉琮，上有“神人兽面纹”，其具有神人制服神兽、人类意志逐渐强大的内涵。另外，良渚玉琮还是权力的象征，用于祭祀、战争等场合，标志着人类社会开始从原始氏族迈向早期国家阶段。

随着考古发掘，我们还了解到，旧石器时代就有用动物随葬的现象，到了商代还出现了用狗随葬的习俗。《礼记·曲礼》载:“凡祭宗庙之礼：牛曰一元大武，豕曰刚鬣，豚曰腯肥，羊曰柔毛，鸡曰翰音，犬曰羹献，雉曰疏趾，兔曰明视。脯曰尹祭，槁鱼曰商祭，鲜鱼曰脡祭。”[①]可见，用牛、猪、羊、鸡、狗、兔、鱼等动物祭祀已经成为先秦时期一套固定的礼仪。

由此可知，在人类文明发展史的初期，先民就和动物产生

① 《十三经注疏·礼记正义》卷5《曲礼下》，北京：北京大学出版社，1999年，第156—157页。

了紧密的联系。我们显然不能将这种联系和当今的人与宠物的关系简单对等，上古人类与动物的联系更加神秘和复杂。在中国传统文化中，龙、凤、龟、麒麟、白虎被称为“五灵”，它们被看作能够带来祥瑞的“瑞兽”。在中国古代的皇宫和官邸建筑中不乏这些瑞兽的形象。

猫猫狗狗由一种自然界的动物进入中国人的生活世界成为宠物，是一个漫长的过程。据说家猫最早起源于埃及，经过长期的驯化，乖戾的野猫才被驯化成温顺的家猫。考古学家在陕西省西安附近的半坡遗址（距今约 6700—5600 年）中发现了猫的骨骼，猫骨的骨骼测量数据显示，其尺寸小于欧洲野猫而与欧洲家猫相近，这些猫至少生活于 5300 年以前，这是迄今为止中国人猫共生关系的最早证据。长沙马王堆汉墓出土了狸猫纹漆食盘，根据相关学者的研究，此遗存很有可能证明了中国本土存在原生狸猫，同时不排除猫在西汉时期已进入人居环境的可能性。[①] 历史上很多名人喜欢养猫。诗人陆游就是一个不折不

① 杨惠婷：《马王堆汉墓漆器所见狸猫纹初探》，《湖南省博物馆馆刊第十二辑》，岳麓书社，2016 年，第 312—331 页。

扣的“猫奴”，他在《赠猫》中写道：“裹盐迎得小狸奴，尽护山房万卷书。惭愧家贫资俸薄，寒无毡坐食无鱼。”

中国人对虫鱼的热爱就更加生动了。我们或许对清代八旗子弟手中的蛐蛐罐印象深刻。直到现在，中国蟋蟀文化城山东宁津还在举办斗蟋蟀比赛。其实，斗蟋蟀历史悠久，是一项中国传统的娱乐活动。在唐代，斗蟋蟀就成为了上至帝王、下至黎民百姓都十分喜爱的一种娱乐方式，到了宋代，就更加盛行。中国人养鱼的历史就更早了，春秋时期的范蠡主张池塘养鲤，还根据亲身养鱼经验写了一部《养鱼经》。不过那时的养鱼还主要是为了补充食物。东汉明帝时期，印度僧人迦叶摩腾与竺法兰来我国传授佛经，在洛阳建立白马寺，并在寺中建造了鱼类放生池，开启了鲤鱼由野生走向放生的重要一步。到了唐朝，开始大规模放生，使得野生的金黄色鲫鱼逐渐进入半家养化，加速了形体的变化，最终演化了金鱼。到了宋代，贵族家中已经开始用陶盆养金鱼，并将其搬进室内观赏。至明清时期，饲养金鱼普遍进入了百姓的生活。

运用文明史的宏大视野，我们将会了解，在漫长的中国文明史上，宠物是如何出现，又是如何进入中国古代制度框架内，宠物与人类之间的关系发生了何种细腻的变化。这些令人惊奇的演变不仅形塑了宠物在中国历史上的价值，同时也折射出人们社会生活的变迁。

目 录

三　田园走兽

四　水之趣

五　大漠翼展

一

聚落中的生灵

游山西村

（南宋）陆游

莫笑农家腊酒浑，丰年留客足鸡豚。

山重水复疑无路，柳暗花明又一村。

箫鼓追随春社近，衣冠简朴古风存。

从今若许闲乘月，拄杖无时夜叩门。

一、远古遗址中的动物

2004 年，法国考古学家瓦因在塞浦路斯发现了一处人猫合葬的墓葬，根据瓦因的研究，这一处墓葬距今已有九千多年的历史。这个发现不排除距今九千多年前猫与人类共生的可能性。

从生产力水平的角度，远古时代显然无法与今天的世界相提并论，但若从人与自然的交互关系来看，远古时代的人类在日常生活中与自然界的交流之频繁和广泛也是今天无法想象的。人类与动物之间产生的联系，远比我们想象得更丰富。

新石器时代有两个重要的特征：一个是早期农耕的出现，人类学会了种植农作物，从食物采集者过渡成为食物生产者；另一个是陶器的出现，人类学会了用陶土制作陶器，使之成为炊具或容器。农耕时代的来临，预示着人类生产力水平实现了一大步飞跃。人类在与自然界互动的长期进程中，积累了种植植物的经验，同时在和动物界交流的过程中，也渐渐积累了驯养动物的经验，让经过驯养的动物为人类所用。这便是新石器时代人类与动物之间的交互关系。用动物陪葬是新石器时代墓葬的普遍特征。在中国，新石器时代的墓葬中，以动物为陪葬品的情况，也不在少数，这说明中国先民在新石器时代便掌握了一定的驯养技术。

人类驯养动物主要有三种用途。第一种是把某些动物驯养成为人类的帮手，比如鹰隼、犬、牛等，用来辅助人们打猎、捕鱼、防御以及耕种，对人类早期农耕文明产生了不可忽视的功用。第二种是将一些动物驯养成为家禽、家畜，为人们提供获取蛋白质的来源，比如猪、鸡、鸭等，这些家禽、家畜为古人的菜单增添了色彩。第三种是将某种动物驯养成为运输工具或战略物资，比如骆驼、马匹等。骆驼具有极高的耐饥能力和耐劳的品质，能够负重远行，温顺的骆驼可是人类在沙漠地带生存下来的必备。而马匹不仅可以运送物资，它的战略属性更加突出，与人配合可以组成势不可当的战马与骑兵，与车组合可以成为坚不可摧的战车的动力，马匹的战略属性一直贯穿着整个冷兵器时代。可见，动物在远古时期的人类社会中发挥着至关重要的作用。无论在生产还是生活环节中，人类都与动物建立了不可分割的联系。

进入新石器时代以后，中国先民掌握了农耕技术，农作物的生产逐渐增强，为定居生活奠定了基础。考古发现表明，新石器时代已普遍出现了半地穴式建筑甚至是地面建筑。在定居生活的状态下，人类以血缘家族为单位结成社会网络，形成了许许多多的聚落，这是人类社会发展过程中的普遍形态。具体到中国，则呈现为“聚族而居”的社会形态。随着生产力水平的不断发展，私有财产出现，使得人类社会不断复杂化，人类社会的结构方式逐渐发展变化，出现了一些“权力相对集中、有能力统辖其他聚落、集中了贵族阶层或者高级手工业生产者的聚落”[①]。这些聚落就被称为“中心聚落”。它们星罗棋布，散落于中华大地上，构成了中国早期国家形成的初级阶段。我们在观察中心聚落的时候，通过考古发掘，出土的石器、陶器、

① 王震中：《中心聚落形态、原始宗邑与酋邦社会的整合研究》，《中原文化研究》，2014年第4期。

玉器、骨器等物品往往会首先吸引我们的目光，但是聚落中的动物在早期人类社会中扮演了什么样的角色，又和先民发生过什么样的联结，也不应该被忽略。

农耕是新石器时代主要的生产方式，除了农耕以外，采集、渔猎、养殖等也在社会生产活动中占据着重要的地位。在新石器时代的遗址中，动物随葬的现象十分普遍，据有关研究，在大汶口遗址中，有三分之一以上的墓用猪头随葬，有的甚至用半头猪，有的用猪的下颌骨，也有的把猪蹄放在鼎中，其中数量最多的就是用猪头随葬。[①]可见在大汶口文化时期，用猪随葬已经成为一种常见的习俗。这也反映出大汶口先民畜养猪成为一种辅助农业的生产手段，还很有可能为人们提供大量的肉食来源。

仰韶文化时期，先民驯养的动物主要是猪和狗，其中，猪的主要作用是作为肉食重要来源。有趣的是，除了猪以外，这一时期的先民也大量食用鹿肉。据有关学者对位于河南省焦作

① 山东省文管处等:《大汶口:新石器时代墓葬发掘报告》第6章《随葬装饰品、雕刻物及其他遗物》，北京：文物出版社，1974年，第105页。

市的东石寺遗址的研究，动物遗存中鹿科动物所占数量最多，超过了猪。[①]除了家猪以外，仰韶文化时期的动物遗存中还有一定数量的野猪。可以认为，新石器时代中后期，先民一方面将动物驯作家畜，以此为肉食主要来源，同时进行打猎，猎取野猪、鹿等哺乳动物作为肉食的补充。

到了距今5000—4000年的龙山时代，畜养家畜的辅助经济方式进一步发展，饲养家畜的技术和规模都比仰韶文化时期有了长足进步。龙山时代，被古人称为六畜的牛、羊、猪、犬、鸡、马都已出现，并且六畜饲养的数量大大增加了。在河南陕县庙底沟的灰坑中就发现了大量的猪、狗、山羊、牛、鸡的遗骨，其数量远远高于仰韶文化时期。随着社会分化的程度不断加强，龙山时代用猪随葬的现象已经十分普遍，而且猪的私有化程度更高，成为富裕阶层财富保有量的象征。不仅如此，这个时候养猪的技术已臻成熟，在山东胶县三里河遗址发现了猪圈围栏遗迹，这说明将猪圈养在围栏里进行集中饲养的方式已

① 戴玲玲、袁广阔、韩长松、李晓敏、尤悦：《从东石寺遗址看中原地区仰韶文化晚期的动物利用》，《南方文物》，2024年第2期。

经出现了。

根据考古及出土动物骨骼资料研究，有学者认为我国家养动物最先出现的是狗，其次是猪、绵羊、黄牛、马、山羊和鸡，距今一万年左右出现狗，距今九千年左右出现猪，距今五千多年出现绵羊，距今四千多年出现黄牛，距今三千七百年左右出现马和山羊，距今三千六百年左右出现鸡。[①]

对家犬的基因研究表明，家犬是由灰狼进化而来的。在旧石器时代，灰狼就与人类的生活产生了密切的联系，在旧石器时代的许多遗址中都发现了它的遗存。灰狼的后代，到了新石器时代逐渐被人类驯化成了狗。但是在新石器时代，先民还处在原始农耕、游牧以及渔猎等生产生活状态下，狗为人类提供的功用更为多元，例如看家护院，充当家庭“护卫”；看护牲畜，作为先民豢养牲畜的帮手等。在游牧族群分布的地区，狗的作用就更大了，它们敏锐的嗅觉能够快速寻找、追踪猎物留下的气味，在主人狩猎时是不可或缺的辅助力量；它们还能尽

① 李晶、张亚平:《家养动物的起源与驯化研究进展》,《生物多样性》, 2009 年第 4 期。

职尽责地看护畜群，在主人放牧时充当畜群的领队。

经过考古研究发现，大约一万年前，我国就已经出现了家养的狗。距今一万年左右，河北徐水南庄头遗址出土的家犬遗存被认为是中国最早的家犬。[①]而距今9000年前的河南舞阳的贾湖遗址中，不仅墓坑里出现了家犬的骸骨，而且在居住区域也出现了家犬的骸骨。狗不仅被当作丧葬祭祀之物，还深入参与了人们的生活环境中[②]。

新石器时代，人们通过将野生动物驯养为家畜、家禽，与动物的关系逐渐亲密，不仅将动物置于肉食来源、祭祀之物等功利用途上，还发展了动物的审美价值，比如岩画中的动物形象以及动物陶塑等。我国西辽河地区保存着大量的动物岩画遗存，描绘的动物以马、山羊和鹿为主，并且采用彩绘、磨刻、线刻等技巧，在岩壁上刻下了栩栩如生的场景，如今仍然令人叹为观止。祁连山南麓、昆仑山以及巴颜喀拉山等地区也保存

① 袁靖、李君：《河北省徐水县南庄头遗址出土动物骨骼研究》，《考古学报》，2010年第3期。

② 河北省文物研究所、保定市文物管理局、徐水县文物管理所等：《1997年河北徐水南庄头遗址发掘报告》，《考古学报》，2010年第3期，第389—390页。

着丰富的岩画，描绘了早期先民的游牧生活，动物形象中数量最多的就是牦牛，其次是鹿、马、骆驼、虎、鹰等。在我国的西南地区也有岩画，比如云南沧源地区保存着一千多个岩画图像，保留着远古时代的狩猎、采集、舞蹈和战争场面，其中动物形象包括猴、牛、猪、羊、狗等。岩画是远古先民在岩壁上用石器刻画而成的，虽然那时还没有文字，但是先民智慧地把生活图景刻画在岩石上，令后世的人们仍能通过岩画观赏到石器时代的历史场景。

把陶土做成动物的形象，比如憨态可掬的猪、矫健灵敏的鹿，再比如展翅飞翔的鹰……这是远古先民喜爱动物的独特表现方式。如下图，河姆渡遗址出土的一个陶钵上就刻画着野猪纹。这只被刻在陶钵上的猪鬃毛竖立，根根分明，大眼圆睁，猪尾闲适地垂在身后，埋首阔步……可见，河姆渡人已经相当熟悉猪的习性，这只猪或许已被驯养，也适应了与人和谐共处的环境。

仰韶文化时期，随着农耕技术的发展，人类的生活水平提升，也有更多的闲暇时光，从生活环境和社会活动中发现了无限乐趣，古人便通过艺术的形式把生活中的美呈现出来。他们把陶土捏成动物的形状，如猪、羊、鸡、狗、猴等，惟妙惟肖。有学者分析这些动物陶塑可能是古人给儿童做的玩具。

河姆渡遗址出土的猪纹陶钵①

① 猪纹陶钵，现藏于河姆渡遗址博物馆。

二、像河狸一样“养”一缸鱼[①]：河流与湖泊

北冥有鱼，其名为鲲。鲲之大，不知其几千里也。化而为鸟，其名为鹏。鹏之背，不知其几千里也；怒而飞，其翼若垂天之云。

战国时期，哲人庄子将毕生精力倾注于人间的“道”。在庄子的笔下，“道”是至高无上的宇宙精神，是世间万物运行的法则，还昭示着人生的绝对自由。“道”是什么样的呢？庄子认为“夫道，有情有信，无为无形”，“道”超越了具体的形状，是世

① 为了躲避狼和熊等捕食者，河狸使用树枝、木头、石头和泥浆等材料修筑水坝，围出一个池塘，然后在池塘中间或岸边搭建小屋。小屋很难进入，因为入口在水下。在搭建家园的同时，河狸也放慢水流，储存水源，扩散河水，从而创造出一片土壤相对肥沃的湿地。而这也造福了附近的许多生物。因此，河狸也被认为是生态系统的关键物种，其筑坝行为间接为鱼类生存提供空间，故而说“河狸养鱼”。

参见万物杂志：《搬砖养家的河狸，顺带还防火、抗洪、固碳、养鱼》，https://finance.sina.com.cn/wm/2023-07-25/doc-imzcxiwp9448249.shtml?cref=cj。

界万物存在的本源。庄子的“道”，不仅是天道，是自然规律，还是人与自然和谐共生之道。在这篇脍炙人口的《逍遥游》中，庄子以“鲲”“鹏”为意象描绘了人悟道后的绝对自由状态——在绝对自由的精神境界中，鲲可化身为鹏，既能潜入无边无际的海底，激起三千里波涛，亦能直冲九万里的高空，翅膀像天边的云一样御风飞行。

中华大地疆域辽阔，既有广袤的平原，也有起伏的山峦，既有蜿蜒的大河，也有万顷的湖泊……草原是马、牛、羊等动物的家园，平原的沃土孕育着谷物和花草树木。这些自然地理环境为中华文明的萌芽、发展提供了取之不尽用之不竭的资源。在上古先民眼里，最为神秘的是那些游弋在江河湖海中的鱼类生物。或许是水中的游鱼与天上的鸟儿都拥有人类所不具备的移动能力，在中国先民的眼中，鱼和鸟都寓意着不被大地束缚的自由和超脱。因此，庄子笔下的“鲲”可以化身为“鹏”，既能在无边的大海遨游，也能在无垠的天际翱翔，形塑了影响中国文化的道家精神。

上古时期关于鱼的记载洋溢着神秘的色彩。《山海经 · 海内南经》中就记载了“人鱼”:“伯虑国、离耳国、雕题国、北朐国，皆郁水南，”按郭璞注:“雕题，黥涅其面，画体为鳞采，即鲛人也。”[①] 这里的“鲛人”指的就是人鱼。干宝的《搜神记》中有记载:“南海之外有鲛人，水居如鱼，不废织绩。其眼泣，则能出珠。”鲛人住在水里，像鱼一样游来游去，哭泣的时候就会流出珍珠。李商隐的《锦瑟》有“沧海月明珠有泪”，即使用了鲛人泣珠的典故。《太平广记》中也有人鱼的记载:“海人鱼，东海有之，大者长五六尺，皆为美人，眉目、口鼻、手爪、头无不具足。皮肉白如玉，无鳞，有细毛，五色轻软，长一二寸。发如马尾，长五六尺。阴形与丈夫女子无异，临海鳏寡多取得，养之于池沼。”[②] 海人鱼的头面长得和人一样，很漂亮，有头发，还有人的手，皮肤洁白如玉，没有鱼鳞，海边鳏寡的渔人往往会捕捞海人鱼，把它们养在池里。

实际上早在新石器时代，古人所制的陶器上就出现了大量

① 袁珂校注:《山海经校注》卷 5《海内南经》，北京：北京联合出版社，2013 年，第 239 页。

② （北宋）李昉等撰:《太平广记》卷 464《水族一·海人鱼》，北京:中华书局，1961 年，第 3819 页。

的“人面鱼纹”。西安半坡遗址出土的陶器上较多装饰鱼纹、人面鱼纹。1955年，半坡遗址出土的人面鱼纹彩陶盆极具代表性，可以看到人面鱼纹的头部为人脸，而把人的双耳画成两条小鱼。也有一些陶器上的人面鱼纹，将鱼的头部画成人脸，仍然保留着鱼身和鱼尾。类似的人面鱼纹彩陶盆大多用作儿童墓葬中的棺盖。在中国先民创造的神话故事中，鱼象征着灵魂不死，具有帮助死者复生的能力。《山海经·大荒西经》云：“有鱼偏枯，名曰鱼妇。颛顼死即复苏。风道北来，天乃大水泉，蛇乃化为鱼，是为鱼妇。颛顼死即复苏。”[①] 颛顼，乃黄帝之孙，为五帝之一，因辅佐少昊有功，所授封地在高阳。少昊死后，颛顼打败共工氏，成为了部落联盟的首领。在“鱼妇”神话故事中，颛顼与鱼妇有一段极为神秘的故事。传说鱼妇是一种半人半鱼的人鱼。颛顼死的时候，刮起了北风，海水波涛汹涌，水里的蛇正在幻化成鱼，死去的颛顼趁机托体到鱼中，死而复生。这条与颛顼结合在一起的鱼便被称作“鱼妇”。也许先民从蛇蜕皮、

① 袁珂校注：《山海经校注》卷11《大荒西经·鱼妇》，北京：北京联合出版社，2013年，第351页。

鱼产卵等动物的生命周期里发现了“死而复生”的秘密，鱼、蛇、龟等动物被视作生命周而复始的象征。“人面鱼纹”或许就与这些神话传说有着密切的关联。新石器时代的先民将人面鱼纹盆放在早夭的儿童棺中，希望人鱼能够助其重生。也有学者认为人面鱼纹“似有‘寓人于鱼’或者‘鱼生人’，或者是‘人头鱼’的含义”，具有图腾崇拜的意义。[①]

人面鱼纹彩陶盆[②]

史前时代，“鱼”作为一种图腾，具有着“死而复生”的浪

① 中国科学考古研究所、陕西省西安半坡博物馆编：《西安半坡：原始氏族公社聚落遗址》，北京：文物出版社，1963 年，第 217—218 页。

② 人面鱼纹彩陶盆，现藏于中国国家博物馆，https://www.chnmuseum.cn/zp/zpml/kgfjp/202008/t20200824_247218.shtml。

漫意义，同时，以“鱼”为一种象征符号的行为，也在中华大地上广泛出现，不仅在半坡文化中发现了人面鱼纹彩陶，在西辽河流域的红山文化墓葬中有“玉鱼”，而且长江下游的良渚文化中也出现过玉鱼随葬的现象。叶舒宪认为良渚文化反山墓葬中出土的玉鱼，具有“引领黄泉之旅的再生祈祝意义”，而且与后代鱼妇神话同样传达了“永生与再生信仰”。[①] 人面鱼纹以及鱼图腾符号是上古先民生命观念的直观反映。上古时期，先民还无法从生物学角度对待死亡现象，而是从灵魂信仰出发，相信人死之后，虽然肉体消亡，但是灵魂并没有消失，而且灵魂可以幻化。在这个思维体系中，死亡并不意味着生命的终结，死者的灵魂脱离了肉体后以另一种方式依然存在。因此，这一思维形式使得先民转移了对“死亡”的悲伤和恐惧感。他们通过将绘有“鱼”图腾符号的祭品放置在死者墓葬中，寓意着死者借助“鱼”“跨越黄泉死而复生”，这一行为产生的思想基础便是古人对“灵魂转化、生命周而复始”的信仰。

---

① 叶舒宪:《从玉教神话到金属神话——华夏核心价值的大小传统源流》,《民族艺术》, 2014 年第 4 期。

三、从渔猎到农耕：人类“养宠物”的初级阶段

远古时期，先民的生产方式经历了由渔猎采集向农耕的过渡。在原始农业出现以前，我们的祖先主要通过采集野生植物、捕鱼打猎等行为获取食物。尤其在河流湖泊水资源丰富的地区，渔猎生业所占的比重甚至远远超过采集，成为了当地先民获取食物的首要方式。例如我国鄱阳湖——珠江三角洲一带的早期文明南方文化区系就具有鲜明的海洋文明特色，其新石器时代的渔猎文化特征显著。距今大约一万年，这里的先民们在临水的低山岩洞中栖息，并在周围进行渔猎和采集。到了大约公元前 6000 年，渔猎的先民们逐渐离开岩洞到更靠近水边的低处居住，捕捞鱼、虾、螺、蚌，采集野生植物。大约公元前 5500—公元前 5000 年，先民在渔猎的同时逐渐发展起粗放农业。长江下游地区也存在着由渔猎向农耕过渡的现象。近年来，考古学

家对位于浙江余姚的井头山遗址的发掘，发现此处遗址为河姆渡文化的贝丘遗址，反映了距今八千多年前，我国东南沿海地区先民们从渔猎到农耕过渡的历史进程。井头山遗址出土了先民食用后丢弃的各种海生贝类，如蚶、螺、牡蛎、蛏、蛤、蚝等，还出土了用贝壳制作的贝器，如铲、刀、圆形饰片等；还有一些稻谷种子和用于耕种的点种棒，说明原始农业开始萌芽；除此之外，还有动物碎骨、橡子、麻栎果、桃核、炭化米、稻谷壳、水稻小穗轴，还有漆树、黄连木、猕猴桃、紫苏、灰菜等木本、草本植物种子。[①] 可以看出，当时渔猎、农耕、采集三种生业并存，构成了井头山先民的生业结构。

上古文明从渔猎到农耕过渡的历史进程在传说和文献记载中也有充分的反映。传说伏羲发明了渔网，并且教会了人们捕鱼，把食物做熟再食用。伏羲做网的传说在文献中也不乏记载，《纲鉴易知录》曰：“太昊（伏羲）始作网罟，以佃以渔，以赡

① 方其军：《从渔猎文明向农耕文明过渡 余姚井头山遗址发掘始末》，《宁波通讯》，2020 年第 12 期。

民用，故曰伏羲氏。养牺牲，以供庖厨，故又曰庖牺氏。”[①] 远古时期，人类与动物的生活环境一样，生活状态也高度相似，过着茹毛饮血的生活。在伏羲出现以前，人类凭借生存本能捕鱼打猎，生产效率非常低，高度依赖自然环境。伏羲教会人们结网捕鱼，有效提升了捕鱼的效率，用网捕捞的鱼甚至都吃不完，他便教人们把这些吃剩下的鱼、虾、羊等小动物圈养起来，为以后的食物作储备。伏羲所发明的“网罟”不仅可以用来捕鱼，还可以用来捕鸟、捕兽，在渔猎活动中发挥了巨大的作用。如此一来，伏羲发明的网罟、养殖极大改善了先民的生存状况，食物来源越来越稳定，由“靠天吃饭”变成了“有备无患”。伏羲还教会人们做饭，把生肉烹熟再吃，这样就大大降低了食物中毒的概率。正因为伏羲为先民做出了巨大的贡献，后人把伏羲尊为三皇五帝之首。

被尊为“三皇”之一的炎帝又被称为“神农氏”，是远古从渔猎到农耕过渡的历史时期的重要传说人物之一。传说姜姓部

① （清）吴乘权:《纲鉴易知录》，北京：中华书局，2009 年，第 2 页。

落首领掌握了用火的方法，得到了王位，被称为炎帝。炎帝统治的部落活动在黄河中下游一带。《帝王世纪》载："炎帝神农，作耒耜，始教民耕农，尝遍草木，令人食谷以代牺牲之命，故号神农，是为农皇。"[①] 据传说，神农氏也是一个伟大的发明家，发明了农具耒耜，可以用来翻土、播种。他教人们使用耒耜耕种谷物，发展了原始农耕技术，带领先民打开了新世界的大门。因此，炎帝被人们称作"神农氏"，推动了我国远古时代渔猎经济向农耕经济的转变。神农氏时代，人们掌握了种植谷物的技术，中国先民以渔猎为主、采集为辅的生业结构便逐渐转变为以农耕为主、渔猎为辅。新石器时代，这种生业结构和饮食结构广泛分布在我国黄河中下游地区以及长江中下游地区。这一历史的过渡在动物图腾中有明确的反映：考古发掘出的遗存中，动物图腾符号有鱼、蛇、龟等水生动物向羊、牛、猪等驯养家畜过渡。[②]

① （晋）皇甫谧撰，陆洁点校：《帝王世纪》，济南：齐鲁书社，2010年，第4页。

② 叶庆兵：《从渔猎到畜牧：动物图腾神话的发生与演进——以出土图像为中心》，《农业考古》，2022年第4期。

总之，远古先民“养宠物”的最初阶段受到两种因素的影响，一是追寻动物图腾符号所携带的生命“周而复始”象征意义，二是通过动物的驯养、养殖作为人类的食物来源。

四、修个萌萌的“宠物”柱子：图腾的故事

古希腊哲学家苏格拉底提出了著名的人生三大终极之问：“我是谁？”“我从哪里来？”“我到哪里去？”这三大问题至今仍然是哲学范畴的核心命题。而在上古时期，中国先民也同样在思考这三大问题，并且给出了自己的解答。

《诗经》中有一首题为《玄鸟》的诗歌，是殷商后代宋国祭祀自己的祖先的乐歌，其中写道：“天命玄鸟，降而生商。”传说商族的祖先契的身世十分神奇，他的母亲简狄看到了一只玄鸟掉落了鸟卵，简狄便吃了那鸟卵，生下了契。商族人将“天命玄鸟”的故事塑造为族群的起源神话，玄鸟便成为了商族的图腾。

鸟卵孕子的神话常见于我国东北地区，类似的传说还包括满族的起源神话。传说长白山东北部布库里山下有一个湖

泊，名叫布勒瑚里泊。天降三个女子，在布勒瑚里泊中沐浴，其中最小的女子名叫佛库伦。佛库伦上岸后，有一只神鹊衔来一个红果放在佛库伦衣服上，红果色泽鲜艳欲滴，佛库伦吃了红果，感而成孕，后来诞下一个男孩，男孩生下来就能说话。这个传说故事成为满族的起源神话，记载在《清太祖实录》中。

《魏书·高车传》也记载了一则高车的祖先神话。[①] 传说匈奴单于生了两个貌美如花的女儿，单于说："我有这样美丽的女儿，不能把她们嫁给凡人，愿把她们献给天。"单于在北部荒无人烟的地方，建起一座高台，把两个女儿放在高台上，请天来迎娶她们。三年过去了，女孩们的母亲想去接她们回家，单于说："不行，不能半途而废。"又一年过去了，有一匹老狼日夜守在高台旁边嚎叫，把台下的地踏出一个洞，久久不愿离去。小女儿认为，这匹狼是上天派来迎娶她的，就下了高台。姐姐大惊，说这匹狼是畜生。妹妹不听姐姐的劝告，成为了狼妻，还

① 《魏书》卷 103《高车》，北京：中华书局，1974 年，第 2307 页。

生下了孩子。高车人便认为自己是美丽的匈奴公主和狼的后代。狼也成为了高车的图腾。

“图腾”这个词语源于印第安语“totem”，有两层意思，“它的亲属”“它的标记”。也就是说将“亲属”“祖先”作为本氏族的信仰、徽号或象征。美国人类学家摩尔根认为图腾是氏族社会的一种“徽志”，通过图腾进行族群的区分。我们常见的图腾便是自然界中的动植物。在上古时期，由于生产力水平低下，科学知识体系尚未建立，人们对于世界没有形成科学化的认识，对一些自然现象和动植物的行为现象往往发挥自己的想象力，对无法理解的神秘力量产生敬畏和崇拜的心理，进而形成了信仰，并且通过一系列的仪式活动试图和神秘力量产生联结。图腾崇拜便是在这样的意识形态基础上产生的。

古人最为常见的图腾就是动物，而且大部分是哺乳动物，这或许和人类也是哺乳动物有关。上古人类所面临的生存环境极为恶劣，需要随时防御猛兽的袭击，也需要捕鱼、打猎、采集食物，在自然界中艰难生存。因而先民自然而然地会被凶猛的动物的“神力”所吸引，例如老虎、狼、熊等，这些猛兽体形硕大，奔跑速度迅捷，捕食能力和繁殖能力都远远超过人类。氏族先民把自己的族群和某种凶猛的动物建立联系，在他们看来，这种联系往往是不易割舍的血缘联系或亲缘联系，从而动物会把自己身上的某种神力通过血缘联系或亲缘联系传给人类，这样人在遇到危险时，也会受到动物图腾的庇佑，安全地脱离险境。从这个角度看，上古先民与动物的关系比现在更为复杂，他们对动物的恐惧、崇拜、敬畏等复杂的感情凝结在图腾中，这些图腾代代相传，图腾的故事成为本氏族的族源传说，图腾在氏族社会中发挥着凝聚族群的历史作用。

上古时期被用作图腾的动物不仅有自然界中存在的，还有人们想象出来的动物——神兽，如龙、凤、麒麟、貔貅等。这种被想象出来的神兽形象具有丰富的历史内涵和文化内涵，一方面是先民将动物身上的神秘力量进行夸张、放大的产物，另一方面是先民在这些神兽身上寄托了某种权力象征或美好期待。

20 世纪 80 年代，考古学家们在内蒙古敖汉旗小山遗址中发掘出一件特殊的尊形器，上面画着一圈图腾组合图，绘有猪、鹿、鸟、蛇四种动物，鹿蛇相缠、蛇吞猪首、鸟蛇相绕。此尊形器大约诞生于7000年前，是先民用透视法将三种灵兽画于陶尊上。其中的“蛇吞猪首”一处，似乎是猪和蛇的组合，但也有可能描绘的是蟒蛇捕猎野猪的情景。总之，该器物上的纹饰，显示出远古先民对自然力量的朴素理解与崇拜。这三种灵兽首尾相接，描绘了一幅猪、鹿、鸟、蛇和谐共生的美妙图景。[①] 有学者认为此类多种动物组合而成的图腾形象与氏族之间的融合密切相关。两个或多个氏族部落结成联盟后，便将各个氏族的图腾融合在一起，形成了新的图腾。有些部落联盟便把图腾集合体刻在柱子上，即“图腾柱”。图腾柱在北美洲西北海岸印第安人部落中广泛存在，他们把部族或家族的图腾雕刻在木头上，最为常见的是很多动物的图腾元素例如猫头鹰、老鹰、青蛙、海狸、熊、雷鸟等，汇集堆叠在一根柱子上，就形成了图腾柱。

---

① 马海玉:《赵宝沟文化两件尊形器上的动物图案研究》,《辽宁师范大学学报》(社会科学版)，2017年第3期，第128—132页。

中华民族是“龙”的传人，我们的图腾就是龙。考古研究表明，二里头遗址发掘出了大量的龙文化遗存，刻有龙纹的青铜器、陶器和玉器等，形成了独具特征的龙文化。龙图腾形象不仅大量存在于夏朝的礼器和丧葬礼仪中，在古代文献中也并不鲜见。《归藏·开领》云：“鲧死，三岁不腐，剖之以吴刀，化为黄龙。”[①] 鲧死后，尸体三年不腐，最后化成了黄龙。鲧既为夏人的祖先，那么夏人便是龙的后人。禹作为鲧的儿子，便和龙产生了亲缘联系。《宋书·符瑞上》载：“禹治水既毕，天锡玄圭，以告成功。夏道将兴。草木畅茂，青龙止于郊。”[②] 大禹治水成功，昭示了夏王朝的龙瑞。夏王朝的创始者都和龙具有神秘的联系，夏朝建立后，龙信仰、龙崇拜的文化进一步发扬光大，二里头文化中丰富的龙文化元素便是夏朝以龙为图腾的明证。那么龙的形象是怎么形成的呢？从符号学的角度来看，龙形象是多种动物的复合体，综合了牛头、羊须、鹿角、马鬃、蛇身、蜃腹、鱼鳞、鹰爪、虎掌等多种动物构造。学界普遍认为，龙

---

① 《归葬·开领》,《山海经校注》卷 13《海内经》，第 396 页。

② 《宋书》卷 27《符瑞上》，北京：中华书局，2018 年，第 835 页。

图腾将多民族的图腾融为一体，幻化成为“龙”形象，反映了我国早期民族融合的历史过程，同时也是中华民族共同体的符号象征。

二

百鸟朝凤

登金陵凤凰台

（唐）李白

凤凰台上凤凰游，凤去台空江自流。

吴宫花草埋幽径，晋代衣冠成古丘。

三山半落青天外，二水中分白鹭洲。

总为浮云能蔽日，长安不见使人愁。

一、从凤鸟崇拜说起

在原始氏族社会，中国先民所崇拜的图腾中，有一类动物十分特别，它们能够展翅飞翔，不被大地束缚；它们具有强大的繁殖能力，能够筑巢哺育后代；它们来无影去无踪，能够及时躲避危险。有学者认为，中国先民对鸟的崇拜，一定程度上是对鸟卵繁殖能力的崇拜。远古先民观察到鸟卵生子，孵化下一代的自然现象，便对鸟类的繁殖能力产生了崇拜之情。《诗经·商颂》云“天命玄鸟 ，降而生商”，玄鸟便是商代人的图腾。除了玄鸟以外，还有其他的鸟类如天鹅、锦鸡等动物被先民尊为图腾。

先民对鸟的崇拜遍及中华大地，从黄河上游到下游，以及长江中下游地区，都发掘出了绘有鸟纹的陶器、青铜器、玉器等遗存。有趣的是，先民对于鸟的崇拜常常和太阳崇拜融合在一起。《山海经·大荒东经》记载了“金乌负日”的神话：“汤谷上有扶木，一日方至，一日方出，皆戴于乌。”[①] 传说在太阳升起的地方，有一棵巨大的扶桑树，乌鸦在树上栖息，它们载着太阳飞升，然后载着太阳回到山谷，如此便有了白天，有了黑夜。在这个神话故事里，乌鸦被塑造成为了背负太阳东升西落的天使。“金乌负日”神话的出现，和先民对自然环境的观察有关。受到生产力水平的限制，先民对于太阳东升西落的现象没有科学的认知，观察到鸟在太阳升起的时候飞翔，在太阳落下的时候栖息，便通过原始思维将鸟和太阳的活动规律联系起来，创造出了对自然规律的神话解释。在上古遗存中出现了诸多“鸟负日”的形象，例如河姆渡文化遗址发掘出的“双鸟负日纹牙雕”，仰韶文化庙底沟类型陶器上绘有“金乌负日”图案。有学者认为，鸟信仰文化大致可以分为三个区域类型：长江中下游地区以鸡与太阳为原型的类型；黄河下游和以淮河流域为中心的东部沿海地区以鸷鸟和太阳的复合形象为原型的类型；黄河

① 袁珂译注:《山海经校注》卷9《大荒东经》，北京：北京联合出版社，2013年，第302页。

上游地区以变异或解析的太阳鸟纹为核心的类型。[①] 上古时代，飞鸟和太阳的信仰遍及中华大地，构成了先民对于自身所生活的世界的想象性认识。

楚地自古就有凤凰崇拜。生活在江汉流域的楚人，将飞鸟与走兽的形象融为一体，并且将自然界中的太阳、风等元素与其相融合，最终形成了“凤鸟”“凤凰”这一想象性的图腾动物。今人说起凤鸟崇拜，往往会上溯至商代人的祖先神“玄鸟”。“玄鸟”到底是什么样的鸟呢？一说是燕子，还有一说为凤凰。楚人的来历众说纷纭，传播最为广泛的一种观点认为“禹征三苗”之后，三苗后裔向南迁徙，在江汉流域逐渐发展壮大。也有学者认为楚人源于东方，其始祖祝融为东方的黎族，后来受到周族的压迫，向南迁徙到楚地。[②] 楚人文化与“东夷”（见《礼记·王制》）文化似乎存在着微妙的联系。“东夷”也有凤鸟崇拜，“东夷”部落首领少皞就以凤鸟为图腾，《左传·昭

① 陈勤建：《太阳鸟信仰的成因及文化意蕴》，《华东师范大学学报（哲学社会科学版）》，1996 年第 1 期。

② 胡厚宣：《楚民族源于东方考》，1934 年。

公十七年》载:“我高祖少皞，挚之立也，凤鸟适至，故纪于鸟，为鸟师而鸟名，凤鸟氏历也。”[①] 少皞以凤鸟创立早期国家制度，官职也以鸟命名。可见，凤鸟对于“东夷”部落的意义，从族群图腾延伸到了政治制度层面。

既然凤鸟是一种图腾，那么凤鸟的形象究竟是什么样的?根据《说文》的记载，凤鸟是一种神鸟，有蛇的颈、燕的颔、鸡的喙、虎的背、鱼的尾巴、仙鹤的嗓音，身上有龙纹……可以看出，凤鸟这一神鸟形象，是由地上爬行的蛇、森林里的虎、水里的游鱼、美丽的仙鹤、天上的龙等动物形象，融合在一起形成的。《山海经・南山经》中也描绘了凤凰的外形“有鸟焉，其状如鸡，五采而文，名曰凤皇（凤凰，笔者注）”，凤凰身上的五处花纹是“首文曰德，翼文曰义，背文曰礼，膺文曰仁，腹文曰信”。[②] 可见，“凤凰”不仅是一种图腾动物，还在中华文化的影响下具有更为深厚的文化价值。凤凰身上的五彩花纹代表着儒家文化中的“德”“义”“礼”“仁”“信”价值观念。

---

① 阮元校刻:《十三经注疏》，北京：中华书局，2009 年，第 4524 页。

② 郭璞注，毕阮校:《山海经》，上海：上海古籍出版社，1989 年，第 15 页。

《山海经》成书于战国至汉朝初期，对“凤凰”符号的阐释受到了儒家思想的影响。此后，凤凰不仅是一种民族的图腾，还具有了道德教化的意义。随着时代的发展，关于凤鸟的传说故事在中华大地上广为流传，也出现了“凤凰”“鸾皇”等不同的名称。

商周时期正处在我国早期国家形成阶段，由万国时代步入广域王权时代，因而这一时期对王的权力的建构逐渐加强。自商代人灭夏取得王权后，凤鸟作为商代人的图腾开始广泛传播。这一时期，凤鸟被视为一种从天而降的“神鸟”，凤鸟的形象也被刻画在玉器和青铜器上，被称为“凤鸟纹”，凤鸟纹象征着王的“天命”观念，《山海经·南山经》曰：“是鸟也，饮食自然，自歌自舞，见则天下安宁。”[①] 凤凰被描绘成一种善歌善舞的鸟，是一种祥瑞，凤凰出现则昭示着天下安宁。由此，凤鸟成为了百鸟之王，具有了权力的象征意义。随着历史的发展，也有人认为凤凰乃是凤鸟中的雄鸟和雌鸟，雄鸟为凤，雌鸟为凰。司

① 袁珂译注：《山海经校注》卷1《南山经·丹穴山》，第15页。

马相如在《凤求凰》中写道:“凤飞翱翔兮，四海求凰。无奈佳人兮，不在东墙。”凤鸟在“王权”的象征之外，逐渐衍伸出来“传情之媒介”“灵魂导引的使者”等意涵。

由于凤凰身上蕴含着丰富的内涵，古人争相将凤鸟、凤凰作为吟咏的对象。在《楚辞》中就有大量歌颂凤凰的诗歌，成为了楚人凤凰崇拜的形象反映。屈原《离骚》写道：

鸾皇为余先戒兮，雷师告余以未具。
吾令凤鸟飞腾兮，继之以日夜。
飘风屯其相离兮，帅云霓而来御。
纷总总其离合兮，斑陆离其上下。

屈原受到奸佞的排挤，希望将现实人生中的苦难遭遇在诗歌中得到纾解。

古人对于凤鸟的热爱不仅仅表现在图腾崇拜，在现实中也通过将飞鸟圈养起来，加深了人类和鸟类的联系。养鸟这一行为从商周时期就已开始了。《庄子》叙述了一则鲁王养鸟的故事：有一只海鸟飞到鲁国的郊外，鲁国人从来没有见过如此美丽的海鸟，一时间郊外挤满了前去观赏的百姓。珍稀海鸟飞到鲁国的消息传到了宫里，鲁王觉得这只海鸟乃是天上的神鸟，便命令侍从把海鸟抓到宫中当作神鸟供养。鲁王给予这只神鸟最高的礼遇，命令乐工为它奏《九韶》雅乐，还为它精心准备了宫廷宴席规格的膳食。神鸟看到这种盛大的场面，却大为惊恐，不敢吃一口，也不敢喝一口，三天后便死了。《庄子》通过鲁王养鸟的故事说明人要先了解客观规律，如果只从主观意志出发，将自己认为的优越待遇给海鸟，而不顾海鸟自己的需求，反而会弄巧成拙。鲁王养鸟的故事也证明了至迟在商周时期便出现了“养鸟”行为。在商代妇好墓中出土了一块鹦鹉形玉佩，极有可能在商代时期，宫殿里就已经饲养鹦鹉了。很大程度上，先民驯养鸟类的活动更为久远。可能在狩猎过程中，先民将一些体形较小、性格温顺的野生鸟类圈养起来，经过代代繁殖，将那些野生鸟类驯化成为了观赏鸟和鸡、鸭、鹅等家禽。

二、那只鸟说话了，吓我一跳

鹦鹉洲

李白

鹦鹉来过吴江水，江上洲传鹦鹉名。

鹦鹉西飞陇山去，芳洲之树何青青。

烟开兰叶香风暖，岸夹桃花锦浪生。

迁客此时徒极目，长洲孤月向谁明。

如果说先秦时期，人们养鸟尚处在萌芽阶段，那么到了两汉时期，养鸟就已经十分常见了。唐人李义山在《义山杂纂》中说："至汉而养鹦鹉者纷纷矣。"由养鸟这件小事观察先秦至两汉时期的历史变迁是一个有趣的角度。在上古时期，养鸟在游牧文明地带主要目的是利用鹰、隼等烈鸟的捕猎能力，从而将其作为人们渔猎时的辅助。上古时期在农耕社会中对鸟类的饲养是较少见的，但是中国先民很早就开始了对从鸟类驯化而来的鸡、鸭、鹅等禽类的饲养，其目的主要在于获取蛋类和肉类等蛋白质食物来源。一直到先秦时期，对鸟的饲养尤其是将鸟类作为观赏宠物的饲养活动没有越过贵族阶层的范围。

然而到了汉代，饲养鸟类作为宠物的行为愈加常见。这种变迁不仅是人们日常生活方式的变化，还反映出社会文化的演变。早在商周之际，中国文化就开始了从神文时代向人文时代的转变。随着早期国家形态的发展，政治制度不断进步，到了周代建立了一套较为完善的官僚体系，将辽阔的疆域纳入“天子—诸侯”的天下治理体系中来，用在人文基础上产生的“道德”替代了“神巫”，使中国文化从神文转向人文。这一文化的转向表面上看似乎与饲养宠物并无直接关系，但其实为宠物的出现创造了基本的社会文化土壤。两汉时期，整体社会文化基本祛除了神巫在社会治理层面的直接影响，而是作为民间信仰的形态存在，从而导致社会文化不再受到上古宗教的制约，而更为注重功用性，也即在道德框架下的人本主义精神得到彰显。

由此一来，将鸟类作为宠物饲养的行为能够得到社会文化的许可，而不必背负触犯神灵或某种禁忌的心理负担，从而为饲养宠物鸟扫清了障碍。

有意思的是，两汉时期最为流行的宠物鸟是鹦鹉。这种鸟有一种“特异功能”——说话。也许正是因为鹦鹉能学人说话，所以古人对鹦鹉更增添了一份亲近感。其实在汉代之前，已经有人以养鹦鹉为乐了。《礼记》就有对于鹦鹉的记载“鹦鹉能言，不离飞鸟”；[①]《山海经》也记载了鹦鹉：“黄山有鸟焉，其状如鸮，青羽赤喙，人舌能言，名曰鹦鹉。”[②]鹦鹉羽毛颜色艳丽，而且巧舌能言，受到了人们的喜爱。在商周时期，皇室贵族就已经把许多动物圈养起来作为观赏的对象，周代还建有皇家动物园，根据《史记》记载，周文王营建了一个方圆七十里的灵囿，专门饲养和管理各种各样的宠物和珍稀动物，飞禽走兽应有尽有，令人赞叹不绝。如今我们确知的，将鹦鹉作为宠物这一现象，在商代便已出现了。商代著名的王后妇好的墓中出土

---

① 《十三经注疏·礼记正义》卷1《曲礼上》，第15页。

② 《山海经校注》卷2《西山经》，第28页。

了大量的玉器，这些玉器里有关于飞鸟形象的除了猫头鹰，就是鹦鹉了，那件精妙绝伦的对尾鹦鹉玉佩如今就陈列在首都博物馆中。

到了汉代，国力强盛，建立了藩属体系，一些到中原王朝朝贡的藩属国便将当地所产的鹦鹉当作贡品进献给皇帝。《后汉书·南“蛮”西南“夷”列传》中记载滇池地区多产鹦鹉、孔雀。《晋书》载，东晋时期林邑国曾向朝廷进献白鹦鹉。根据《桂海虞衡志》的记录，林邑国所产的这种白鹦鹉通体雪白，而且体形比别的鹦鹉种类大，大小如同一只小鹅。林邑进献的白鹦鹉受到了东晋皇帝的喜爱。当时野心勃勃的桓玄感叹东晋政治的衰败，以鹦鹉为题写了一首《鹦鹉赋》，“有遐方之令鸟，超羽族之拔萃”“翦羽翮以应用，充戏玩于轩屏”，借鹦鹉喻指周王室耽于享乐，同情沦为玩物的鹦鹉。

桓玄并不是第一个吟咏鹦鹉的诗人，知名度更广的那首《鹦鹉赋》是东汉时期的祢衡写的。祢衡死的时候才 26 岁。祢衡年少的时候就已经因才华而声名远扬，年少成名在东汉末年动荡的时代背景中是一把双刃剑，更何况对于祢衡这样狷介放旷的人，就更加注定了他多舛的命运。祢衡恃才傲物，尤其对于权贵更是嗤之以鼻。孔融欣赏祢衡的才智，把他推荐给汉献帝和曹操。曹操要见祢衡，但是以祢衡的心性，根本不愿见曹操。曹操盛怒之下把他送到荆州牧刘表那里。祢衡到了荆州，依然因为傲慢的脾性触怒了刘表，刘表又把他送到江夏太守黄祖那里，使他走向了命运的终结点。祢衡当众羞辱了黄祖，最终被黄祖诛杀了。在黄祖长子黄射的宴会上，有人进献给他一只鹦鹉，黄射便邀请祢衡作赋。如此放荡不羁的一个人，竟对一只从西域来的鹦鹉有了恻隐之心，当场写下了名垂千古的《鹦鹉赋》，夸赞鹦鹉“惟西域之灵鸟兮，挺自然之奇姿。体金精之妙质兮，合火德之明辉。性辩慧而能言兮，才聪明以识机”，又怜悯它远离故乡，被关在牢笼中变成了宫中的一个玩物，想要回到故乡，却早已被剪去羽毛，失去了飞翔的能力，“心怀归而弗果，徒怨毒于一隅”。从赋中可看出，祢衡并非不谙世事，也并非不懂得人情世故，而是不屑于趋炎附势，更不愿意为了攀附权贵丧失了尊严。在祢衡身上，彰显着“真名士自风流”的魏晋风骨。祢衡被黄祖杀死后，葬在汉阳，这个地方被命名为鹦鹉洲。祢衡的际遇世代流传，成为了后人诗文中“鹦鹉洲”的典故。唐代崔颢游历至黄鹤楼时曾写下“晴川历历汉阳树，芳草萋萋鹦鹉洲”，李白也多次在诗文中提及祢衡，并且以祢衡自比，在诗作《鹦鹉洲》中悲叹“迁客此时徒极目，长洲孤月向谁明”。

南方盛产鹦鹉，藩属国向中原王朝进献鹦鹉的行为长期延续下来。到了唐代，史籍中关于进贡鹦鹉的记载有很多。据《贞观政要》载，林邑国在贞观年间向唐太宗进献了一只白鹦鹉，唐太宗非常喜欢这只鹦鹉，但是白鹦鹉来自气候温暖的南方，数次向唐太宗抱怨宫里太冷了，唐太宗怜悯它，便让它返回故乡。[①]武则天也很喜爱鹦鹉，还把鹦鹉和猫养在一起，看到猫和鹦鹉同食非常高兴，便命御史让百官传看。但是没料到，还没有传看完，猫便把鹦鹉吃了。这个故事记录在唐人张鷟的笔记小说《朝野佥载》中。武则天把猫和鹦鹉一起饲养还让百

① 《贞观政要》载:“贞观中，林邑国贡白鹦鹉，性辩慧，尤善应答，屡有苦寒之言。太宗愍之，付其使，令还出于林薮。”骈宇骞译注:《贞观政要》卷8《贡赋三十三》，北京：中华书局，2011年，第557页。

官观看并不是凭空起意，而是有深刻的历史寓意的。武则天当政后，李、武两家势力斗争不绝。猫又被称为“狸奴”。武则天原本想借狸奴和鹦鹉和谐同食的景象寓意李、武两家也能够和睦相处。但事与愿违，狸猫还是改不了捕鸟而食的天性，原本想要调和李、武矛盾的目的没有达到，反而变成了不祥之兆。

不仅皇帝爱玩鹦鹉，鹦鹉的到来，也调节了沉滞的后宫生活。唐代诗人王建在《宫词》中道：“花时寂，闭院门，美人相并立琼轩，含情欲说宫中事，鹦鹉前头未敢言。”唐墓壁画中有很多“美人调鹦图”，便是唐代后宫生活的写照。其中最著名的便是《杨贵妃教鹦鹉图》，这幅壁画现在被珍藏在赤峰阿鲁科尔沁旗博物馆中。《明皇杂录》载，天宝年间，岭南向唐玄宗进献了一只白鹦鹉。这只白鹦鹉羽毛雪白，异常聪慧，善于对答，唐玄宗和杨贵妃很喜欢它，还给它取了个名字叫“雪衣女”。唐玄宗和诸王玩博戏快要输了的时候，“雪衣女”便扰乱博戏，或者啄妃嫔和亲王的手，不让对方落子，这样便能使唐玄宗不输掉博戏。《杨贵妃教鹦鹉图》中的鹦鹉便是这“雪衣女”，描绘的是杨贵妃教鹦鹉诵读《心经》的场景。虽然过去了一千多

《杨贵妃教鹦鹉图》[①]

年，但是从这幅壁画中我们仍然能感受到鹦鹉给后宫生活带来的欢声笑语。有一天，“雪衣女”被一只猎鹰袭击而亡。玄宗和贵妃悲痛不已，把“雪衣女”葬在苑中，还给它立了一座“鹦鹉冢”。

鹦鹉多产于南方，包括当时的交趾、东南亚诸国等地，但在中国北方也有一种本土鹦鹉——陇西鹦鹉，这种鹦鹉得到了

① 《杨贵妃教鹦鹉图》，现藏于内蒙古赤峰市阿鲁科尔沁旗博物馆。

唐代皇室的热爱。白居易的《鹦鹉》中写道:“陇西鹦鹉到江东,养得经年嘴渐红。”陇西官员为了给皇帝进献鹦鹉,年年征发当地百姓到深山密林中去捉鹦鹉。由于越是珍稀的鹦鹉越是生活在深山之中,很多百姓命丧悬崖。唐代诗人皮日休就取材捉鹦鹉一事写下一首《哀陇民》,“百禽不得一,十人九死焉。陇川有戍卒,戍卒亦不闲。将命提雕笼,直到金堂前”,哀叹为了皇帝的玩物丧生的百姓。

宋徽宗喜爱鹦鹉,还画了一幅著名的《五色鹦鹉图》,这幅图现在收藏在美国波士顿美术博物馆。到了宋代,不仅宫廷饲养鹦鹉,士人和百姓也开始养鹦鹉当作宠物了。在汴京和临安城里,寻常巷陌之间也不乏养鸟的普通百姓。而且养鸟的种类很多,除了广受欢迎的鹦鹉,还有百灵、画眉、金翅、黄莺、鹌鹑、鸽子等。两宋时期,有了更加精致的鸟笼,据元人陶宗仪《辍耕录》记载,南宋艺人詹成雕刻的竹鸟笼“四面皆花版,于竹片上刻成宫室、人物、山水、花木、禽鸟,纤毫具备,其细若缕，玲珑活动”。[1]可见这时的鸟笼俨然雅致的艺术品。宋代的青瓷鸟食罐制作也展现了高超的工艺，南宋龙泉窑青瓷莲花纹鸟食罐尤为独特，罐身上装饰着层层叠叠的莲花纹饰，犹如一朵含苞待放的莲花，令人赞叹不已。两宋时期的爱鸟人不仅将鸟儿作为宠物，而且为养鸟活动更增添了一份风雅之趣。

中国古代皇室对于鹦鹉的喜爱一直延续到清代。慈禧太后就有一只十分宠爱的五色鹦鹉，这只鹦鹉聪明伶俐，甚至能用英文问“早安”。慈禧太后甚至给这只鹦鹉安排专人服侍，每天喂水喂食，悉心照料。慈禧太后每天早上都要和鹦鹉互道早安，出门时告别，回宫时也要和鹦鹉打招呼。这只鹦鹉和慈禧太后朝夕相伴。不仅如此，清代的鸟笼更是琳琅满目，有竹雕的、玳瑁的、黄花梨的、珐琅的、象牙的……从文人、士子到八旗贵胄提着鸟笼遛鸟成为当时的一种生活风尚。

---

① （元）陶宗仪:《南村辍耕录》卷5《雕刻精绝》，上海:上海古籍出版社，2012年，第57页。

三、将军，我们被包围了

鸽子被视为和平、博爱的象征。在重大庆典活动中，人们放飞鸽子，寓意着对和平的期盼。很多城市的中心广场上都会饲养鸽子，使其成为现代城市生活中的重要景象。中国自古以来就有养鸽子的习俗，在和平的符号之外，中国人又把鸽子视作信义的象征。

我国养鸽子的历史非常悠久，在《礼记》中就有关于鸽子的记载，《礼记》中的“庖人掌共六畜、六兽、六禽”，其中“六禽”就包括“雁、鹑、鷃、雉、鸠、鸽”。[①]“庖人”是周代职掌供膳的职官，可见至迟在周代的时候，鸽子就已经进入周人的视野，成为了王室餐桌上的肉食来源之一。

---

① 杨天宇撰:《周礼译注·天官冢宰第一·庖人》，上海：上海古籍出版社，2004 年，第 55 页。

鸽子不仅可被当作肉食，人们还发现了这种小小飞鸟传书报信的“特异功能”。唐代，饲养鸽子作为信鸽的事情越来越普遍。《开元天宝遗事》记载了唐朝宰相张九龄和信鸽的故事。张九龄年少的时候，喜爱养鸽子，把鸽子称为“飞奴”，与亲戚通信往来的时候，他就把书信系在鸽子的脚上，让它作为“信差”带给亲戚。唐人段成式《酉阳杂俎》载：“鸽，大理丞郑复礼言，波斯舶上多养鸽，鸽能飞行数千里，辄放一只至家，以为平安信。”[①]《唐国史补》一书中也有“南海舶，外国船也，每岁至安南、广州，舶发之后，海路必养白鸽为信”的记载。[②] 鸽子能够认识回家的路，而且能够长途飞行几千里。波斯人的商船上大多都养着鸽子，行至千里之外的时候，放一只鸽子向家人报平安。唐代丝绸之路贸易通畅，或许唐人从沿着丝绸之路来到中国的波斯人那里学会了利用鸽子做信使。唐人养鸽子，欣赏鸽子飞翔的姿态，美其名曰“半天娇”，他们不仅喜欢养鸽子，还

---

① （唐）段成式：《酉阳杂俎》前集卷16《广动植之一》，北京：中华书局，2017年，第616—617页。

② （唐）李肇：《唐国史补》卷下，上海：上海古籍出版社，1957年，第63页。

喜欢画鸽子，使鸽子成为了花鸟画里的模特。因花鸟画冠绝于唐代的画家边鸾就曾留下许多画鸽图，其中的《梨花鹁鸽图》描绘了两只鸽子在梨花枝上休憩的情形，鸽子神态安详与梨花相映成趣。边鸾因花鸟画被后世推崇为唐代花鸟第一画家，北宋著名画家米芾称其“鸾画如生”。

到了宋代，家养鸽子就更为普遍了，《宋朝事实类苑》载：“今人驯养家鸽通信，皆非虚言也，携至外数千里，纵之，辄能还家。蜀人以事至京师者，以鸽寄书，不旬日皆得达，及贾人舶船浮海，亦以鸽通信。”[①]可见，宋代养家鸽，鸽子可以携带书信飞到千里之外，从蜀地不到十天就可以抵达京城，漂泊在海上的商贾也在船上饲养鸽子，作为通信的使者。宋代大力开发南方，使经济重心转移至江南地区，随着经济的发展，人们的娱乐生活越来越丰富，养宠物也成为了日常生活中的消遣，养鸽子便成为了一种生活风尚。

鸽子不仅可以用来送信，供人玩赏娱乐，还能在战争中派

① （南宋）江少虞:《宋朝事实类苑》卷 61《风俗杂志·鸽寄书》，上海：上海古籍出版社，1981 年，第 805 页。

上大用场。在北宋和西夏的好水川之战中，鸽子就发挥了关键作用。《宋史·西夏国传》记载，庆历元年（公元1041年），西夏进攻渭州一带，李元昊率十万大军将主力埋伏在好水川（今宁夏隆德西北），派遣一支兵力到怀远城（今宁夏西吉县）引诱宋军。韩琦命任福率军迎击。任福与都监桑怿率领轻骑军先锋部队抵达张义堡击杀几千西夏军，西夏军佯装战败诱使宋军追击。任福不知道这是李元昊诱使宋军进入好水川埋伏的计策，便乘胜轻装追击，到了黄昏时分进入好水川。“怿为先锋，见道傍置数银泥合，封袭谨密，中有动跃声，疑莫敢发，福至发之，乃悬哨家鸽百余，自合中起，盘飞军上。于是夏兵四合，怿先犯，中军继之，自辰至午酣战。”[①] 任福、桑怿率军到牧隆城的时候，发现了路旁有一个银泥盒，里面有声音，便将盒子打开，霎时间一百多只家鸽从盒子里扑棱着翅膀飞向天空，发出了嘹亮的鸽哨声。就在宋兵还不知其所以然的时候，早已埋伏在附近的西夏军从四周环围而止。原来这阵鸽哨声，便是西夏军伏

① 《宋史》卷485《夏国上》，北京：中华书局，1977年，第13997页。

击的信号。西夏军左右夹击，宋军大败，几乎全军覆灭，任福、桑怿也战死在好水川。这一战，鸽哨声暴露了宋军的具体位置，西夏军利用鸽哨声作为进攻的信号，取得了胜利。但是，战争也给西夏带来了严重的后果，好水川之战后，宋朝停止了向西夏的“岁赐”，榷场贸易也受到影响，西夏自身的力量也受到重创。后来，南宋军中也饲养鸽子，用鸽子作为信鸽传递消息，更充分地发挥了鸽子在军事中的作用。

南宋帝王热衷养鸟，比如宋高宗赵构，就喜欢养鸽子。靖康二年（公元1127年），金政权派大军南下，攻陷了北宋都城汴梁（今开封），掳走了徽钦二帝，史称“靖康之变”。此后，赵构在南京应天府即位，是为宋高宗。南宋偏安一隅，高宗亦无与金军对抗的决心，但是帝王对于养鸽之事却十分感兴趣。宋人叶绍翁《四朝闻见录》载：“东南之俗以养鹁鸽为乐，群数十百，望之如锦。灰褐色为下，纯黑者为贵，内侍蓄之尤甚。粟之既，则寓金铃于尾，飞而扬空，风力振铃，铿如云间之佩，或起从凤山。”[①] 徽钦二帝被金人掳走，南宋朝廷却宴饮娱乐如常，宫廷蓄养了大批鸽子，由内侍饲养，早晨放鸽子自由飞行，傍晚再将鸽群唤回。可以想见，上百只鸽子组成的鸽群掠过天际，抬眼望去，犹如飘在天上的锦缎一般，鸽尾上的铃铛随风鸣响，成为了一道盛景。当时有人写诗讽刺道：“铁勒金狨似锦铺，暮收朝放费工夫。争如养取南来雁，沙漠能传二帝书。”[②] 宋代爱鸽人还给鸽子列了三六九等，灰褐色的鸽子为下品，全身纯黑的鸽子最为珍贵。

明代养鸽子的人就更多了，甚至有人将鸽子的种类、特性以及饲养秘诀总结出来，明人张万钟著成《鸽经》，是我国最早的一部专记鸽子的著作。《鸽经》论鸽可谓既专业又全面，系统阐述了鸽子品种的鉴别，将鸽子从观赏性和活动性能上总结为“花色”“飞放”“翻跳”三品，这三品之中又包含数十种品目，仅以“花色”为例，张万钟认为以羽毛及形状相区别又包含凤尾齐、巫山积雪、亮翅、靴头、射宫、坤星等 30 个品种。张万

① （南宋）叶绍翁:《四朝闻见录》丙集《鹁鸽诗》，北京:中华书局，1989 年，第 97 页。
② 《四朝闻见录》丙集《鹁鸽诗》，第 97 页。

钟收集了与鸽子相关的各种历史典故与诗赋。此外，还详细阐述了饲养鸽子的要领，可见《鸽经》是自从先秦直到明朝饲养鸽子的经验积累基础上写成的一部著作。

不仅民间有很多爱鸽人养鸽、放鸽，明朝皇帝也喜爱养鸽子，还在宫里专门建立了专门养鸽子的机构，名曰“鸽子房”。其中，明孝宗最喜爱养宠物，他爱养动物的爱好传遍了整个朝野。明孝宗登基后不久，就有藩王给他进献海东青，后来还有西域使者给他送来几头狮子，孝宗很喜欢这些飞禽走兽，命人在宫中悉心饲养。可是，却有一位谏臣刘吉劝说明孝宗莫要浪费钱粮和人力养活宠物，“宜绝诸兽食，听自毙”[①]，应该为天下社稷着想，断绝这些动物的粮食。虽然喜爱动物的明孝宗没有答应刘吉的谏言让狮子活活饿死，但是也决不能再像从前那样毫无避讳地赏玩宠物了。后来，吏部上奏建议削减光禄寺开支，明孝宗采纳了，并且令光禄寺卿清查禽鸟牲口及其支用钱粮。最终，在明孝宗的授意下，乾明门养的虎，南海子养的猫，

① 《明史》卷 168《刘吉传》，北京：中华书局，1974 年，第 4527 页。

御马监养的猴，西华门养的鹰、犬，或是食料减半，或是放生，西安门养的鸽子也多半放飞了。

鸽子尾巴上系的鸽铃到了清代又被称为鸽哨。清代的鸽哨很为讲究，用竹、葫芦、芦苇、骨等材料制成哨子，《燕京岁时记》详细描述了晚清北京城里的鸽哨："凡放鸽之时，必以竹哨缀于尾上，谓之壶卢，又谓之哨子。壶卢有大小之分，哨子有三联、五联、十三星、十一眼、双筒、截口、众星捧月之别。盘旋之际，响彻云霄，五音皆备，真可以悦耳陶情。"[①] 放鸽子的时候须把鸽哨系在鸽子尾巴上，随着鸽子起飞，听那鸽哨声悠扬婉转，成为了北京城里的专属乐趣。

① （清）富察敦崇：《燕京岁时记·花儿市》，北京：北京古籍出版社，1961年，第55页。

四、我们就斗个鸡，不至于写檄文吧

昂首而来，绝胜鹤立；鼓翅以往，亦类鹏抟。

搏击所施，可即用充公膳；翦降略尽，宁犹容彼盗啼。

岂必命付庖厨，不啻魂飞汤火。

羽书捷至，惊闻鹅鸭之声；血战功成，快睹鹰鹯之逐。

——王勃《檄英王鸡》

初唐四杰之一王勃，在这首《檄英王鸡》中惟妙惟肖地描绘了一场英武绝伦的斗鸡活动，其诗文采华丽，气势如虹。这首诗中写的斗鸡可不是普通人的斗鸡游戏，而是沛王和英王两人之间的一场斗鸡。王勃以诗文之才年少成名，少年时期便胸怀大志，14 岁时便写下一篇骈文《上绛州上官司马书》，以寻求绛州司马的举荐。2 年后，他又写了《乾元殿颂》进献给唐高宗，文采斐然，高宗看后称赞不绝。很快，王勃的名气在长安城越来越大，年仅 16 岁便成为了朝廷官员，在沛王李贤府中任王府侍读。一天，沛王李贤和英王李显玩起了斗鸡游戏，王勃在场观看，为了给沛王助兴，便挥毫写就这篇著名的《檄英王鸡》。但是，这篇檄文却给王勃带来了始料未及的厄运，以致他的仕途急转直下。以王勃的名气，他的诗文在长安传播甚广。高宗也看到了这篇骈文，他看后大怒，随即将王勃逐出沛王府。这一变故也就意味着王勃还未及展开的仕途已经戛然而止了。为何仅由一篇斗鸡檄文便让高宗盛怒，以致年少成名的王勃仕途尽毁呢？深究其原因，就在于王勃自负诗才，在写文章时未考虑到其作品是否适合朝廷需求，也未考虑到唐朝皇室的经历。在玄武门之变后，唐朝皇帝自然不愿看到诸王相争的事件，哪怕是一点苗头也不行。而王勃的这篇檄文里，不仅在格式上模仿朝堂公文，有戏谑公文之嫌，还极尽描摹了沛王、英王的两只斗鸡之间的战争场面，极易使人依照此文做出沛王、英王不和的解读。高宗看到这篇文章后大怒实属必然。对于王勃的个人命运来说，这一事件便成为了“斗鸡”文所引起的一场重大变故，使其仕途急转直下。

斗鸡起源很早，直到今天仍然不乏斗鸡爱好者积极参与这项活动。经过长期的流传延续，斗鸡便成为了中国文化的一个重要组成部分。随着时代的发展，人们饲养宠物的目的除了满足实用性价值以外，还发展了宠物游戏，使得宠物在人类社会中的价值更加丰富多元。这一历史趋势发端于春秋战国时期，《战国策·齐策》记载了临淄地区丰富的宠物娱乐活动："临淄甚富而实，其民无不吹竽、鼓瑟、击筑、弹琴、斗鸡、走犬、六博、踏鞠者。"[①]临淄是先秦和秦汉时期闻名遐迩的大都会。战国时期，齐桓公治下的齐国兵强民富，成就了一番春秋五霸之首的霸业，作为齐国都城的临淄繁盛一时，城中车水马龙，颇有摩肩接踵之势，《史记·苏秦列传》描述了临淄的繁华景象："临淄甚富而实……临淄之途，车毂击，人肩摩，连衽成帷，举袂成幕，挥汗成雨，家殷人足，志高气扬。"[②]临淄物资充盈，人口众多，农业生产水平的提高一方面促进了生产部门的分化，手

① （西汉）刘向：《战国策》，上海：上海古籍出版社，1985 年，第 337 页。

② 《史记》卷 69《苏秦列传》，北京：中华书局，1959 年，第 2257 页。

工业者和商人等从农耕部门中分离出来，另一方面使得人们有了更多的闲暇时间，为了消遣时光也为了充实生活，艺术活动和娱乐活动便成为了人们日常生活中的重要组成部分。除了吹竽、鼓瑟、击筑、弹琴等音乐活动以及踏鞠等体育活动以外，临淄人还将宠物纳入娱乐活动范畴中，“斗鸡”“走犬”以宠物竞赛为对象，通过人的观赏和参与形成了一种颇具特色的娱乐活动。

斗鸡很可能在周朝时期就已经出现了。《列子·黄帝篇》记载了“纪渻子为周宣王养斗鸡”的故事。纪渻子为周宣王养了一只特别的斗鸡，过了十天，周宣王就问纪渻子：“斗鸡成了吗？”纪渻子说：“没有，它还没有练成却骄傲自负。”十天后，周宣王又询问，纪渻子说：“没有，它听到鸡的鸣叫声或看到别的鸡，还想上去应战呢。”过了十天，周宣王又问，纪渻子说：“没有，它还瞪着眼睛，盛气未消。”又过了十天，周宣王问可以了吧，纪渻子说：“差不多了，它听到鸡鸣，已经无动于衷了，看上去就像一只木鸡一样，它的斗鸡本领已经练成了，别的鸡没有敢应战的，看到它就掉头跑了。”这则故事说明，先秦时期对于斗鸡的驯养技术已臻成熟。斗鸡活动对于鸡的要求很高，可谓精挑细选，不仅要求体形健硕，还要选性格强悍的。若要能上战场，还需经过长期的训练，以使斗鸡达到沉稳坚韧、心无外物的境界，才能战无不胜。

斗鸡活动不仅是两只鸡之间的战斗，还投射了斗鸡主人双方之间的竞赛。斗鸡的输赢也就意味着主人的输赢。春秋战国时期，正处于中国历史上的一个分裂时期，诸侯争霸，战争频仍。斗鸡活动在民间的广泛展开，一定程度上是社会现实的一种生活化的反映。《左传·昭公二十五年》记载："季、邱之鸡斗。季氏介其鸡，邱氏为之金距。"[①] 鲁国正卿季平子与另一位鲁国大夫郈昭伯之间进行了一场斗鸡大战。在斗鸡的时候，为了取胜，双方都用了些特殊的手段：季平子在斗鸡的翅膀上撒芥末，郈昭伯则在斗鸡的爪子装上了锋利的刀子。结果季平子输了，恼羞成怒，一气之下发兵进攻郈昭伯的封地。郈昭伯只得向国君鲁昭公求援，鲁昭公出兵讨伐季平子。季平子在穷途末

① 杨伯峻:《春秋左传注》，北京：中华书局，1990 年，第 1461 页。

路之时联合叔孙氏、孟孙氏，三家共伐鲁昭公，鲁昭公战败而失国逃亡，郈昭伯被孟孙氏所杀。一场斗鸡引发了巨大的风波，在风波之下则隐藏着春秋末年周天子权力衰微，诸侯国大夫专权的历史趋势。山东省诸城市城北25公里、渠河和荆河汇流处，有一个都吉台村，这个普通的村庄流传着季郈斗鸡的故事，并且传说村东南的一处土台便是季郈斗鸡的地方。

汉朝建立了大一统的政权，国力强盛，社会文化繁荣发展，娱乐活动形式多样，成为了民间生活的重要组成部分。上至帝王将相，下至黎民百姓，都以斗鸡走狗为乐。刘邦的父亲就很喜欢观赏斗鸡，进入皇宫后，再也看不到市井斗鸡蹴鞠的热闹场面了，便整日闷闷不乐。汉宣帝刘询也喜欢斗鸡，少年时“亦喜游侠，斗鸡走马”。

唐代是我国古代历史上国力强盛、文化繁荣的一个历史时期。在这样的时代背景下，斗鸡非常流行，往往在热闹的坊市中进行，常常吸引众人观看。宋之问（一作沈佺期）《长安路》写道：“日晚斗鸡场，经过狭斜看。”唐代不仅延续了斗鸡的传统，同时还延伸了斗鸡的价值内涵。随着生产力的提高，人们的物质生活水平得到了明显的改善，社会生活丰富多彩，出现了诸多的节日。每逢佳节到来时，往往要举行一些助兴的活动。唐代的寒食、清明节日期间举行斗鸡活动已经成为了一项风俗。唐初宰相杜淹《咏寒食斗鸡应秦王教》诗云："寒食东郊道，扬鞲竟出笼。花冠初照日，芥羽正生风。顾敌知心勇，先鸣觉气雄。长翘频扫阵，利爪屡通中。飞毛遍绿野，洒血渍芳丛。虽然百战胜，会自不论功。"

唐代皇室贵族也以斗鸡为乐，玄宗尤其喜爱斗鸡，据说即位后专门建立鸡坊。史官陈鸿《东城老父传》就叙述了以斗鸡之才做了官的贾昌的故事。玄宗非常喜欢清明节时的民间斗鸡，因而诸王史家、官员家及至普通百姓纷纷效仿，长安城里还设有专门的斗鸡场所供百姓娱乐，据传就位于今天西安城的大吉昌巷。有钱的人养雄鸡，贫穷的人则斗假鸡。贾昌小时候聪明伶俐，善于斗鸡。一次，玄宗出游的时候看到贾昌在云龙门街道上斗木鸡，便把他召进宫里，做鸡坊小儿。贾昌颇有斗鸡的天赋，一到鸡坊，鸡群便向他簇拥过来，他只需看一眼就能分辨哪只鸡强壮，哪只鸡羸弱，哪只鸡勇敢，哪只鸡胆怯。他举起两只鸡，鸡群便都畏惧驯服了。玄宗对贾昌的斗鸡才能十分满意，封他为五百小儿长。开元十三年（公元725年），贾昌带着斗鸡，跟随玄宗到泰山封禅。后来，贾昌还跟随玄宗、贵妃到骊山华清宫。时人称其为“神鸡童”。

斗鸡不仅风靡长安，在全国各地都成为了一种风尚。《太平广记》载，唐鄂州十将陈士明，小时候英俊健壮，喜爱斗鸡。他在家里养了很多斗鸡，在雏鸡的时候便能分辨哪只鸡长大了以后勇敢、哪只会胆怯。陈士明还有一种天赋，仅仅靠听鸡鸣就能分辨出鸡的毛色。[①]

盛唐时期，玄宗的斗鸡喜好被权贵、百姓争相模仿，以至于人们聚在街头巷尾斗鸡为乐。与贾昌通过斗鸡的本领进入仕途的先例相比，寒窗苦读的科举途径似乎更加艰难，因而民间打油诗曰：“生儿不用识文字，斗鸡走马胜读书。贾家小儿年十三，富贵荣华代不如。”读书竟然不如斗鸡，斗鸡小儿能够凭借斗鸡获得宠信，而寒窗十几载的儒生却进仕无门。就连诗仙

---

① （北宋）李昉等编:《太平广记》卷79《方士四》，中华书局，1961年，第499页。

李白也在《行路难·其二》中慨叹：

大道如青天，我独不得出。

羞逐长安社中儿，赤鸡白雉赌梨栗。

明朝时期，斗鸡活动依然在民间非常流行，甚至有人对斗鸡达到痴迷的程度，明人朱国祯在《涌幢小品》中不无担忧地写到人们不事生产，整天抱着斗鸡，在市井街头游戏度日。明朝还出现了一些专门化的斗鸡组织，民间热爱斗鸡的人们自发形成了“斗鸡社”，《陶庵梦忆》载：“天启壬戌间好斗鸡，设斗鸡社于龙山下。”[①] 斗鸡社的出现使得斗鸡爱好者聚集在一起，斗鸡活动的组织性、规模性大大加强了。斗鸡游戏在我国流行了两千多年，除了我国学者对斗鸡文化进行研究之外，还吸引了国外学者，美国汉学家高德耀就专门写了一本名为《斗鸡与中国文化》的书，详细梳理了中国斗鸡的形式、特点及其文化史

① （明）张岱：《陶庵梦忆》卷3《斗鸡社》，沈阳：万卷出版公司，2016年，第124页。

意义。唐朝时期，日本曾经多次派遣唐使来中国，他们身份不一，有使节、僧人和学生，他们被风靡唐朝的斗鸡游戏所感染，也把斗鸡游戏带回日本，因而日本宫廷中兴起了斗鸡热潮。从这一角度而言，斗鸡游戏还成为了中国与域外文化交流的载体。到了清代，斗鸡社遍及全国，甚至出现了跨区域的大型斗鸡赛事。历史上，很多与斗鸡相关的地名延续至今，山东诸城的斗鸡台、河南开封的斗鸡坑、南京的斗鸡闸……直到今天，我国各地依然有众多的斗鸡爱好者延续着这项古老的活动，他们举办各式各样的斗鸡会、斗鸡文化节等丰富多彩的活动，具有传播民俗文化的意义。

三

田园走兽

逢雪宿芙蓉山主人

（唐）刘长卿

日暮苍山远，天寒白屋贫。

柴门闻犬吠，风雪夜归人。

一、中华田园间，为何许多犬

中华田园犬，即中国本土所生犬类，品种多样。中华田园犬脱胎自野生狼，经过远古先民的选种和培育，逐渐发展壮大，遍布全国。从狼到狗，原本的野性褪去，它们的身形也在缩小，样貌发生改变，不再有狠厉之相。一般而言，日常可见的中华田园犬具有以下特征：嘴部短且尖，额部较平，耳位高且耳小，中等身形。

在古人的观念中，体形较大的，叫作犬，而体形较小，或者尚未发育完全的，才能叫狗，今天的人们早将二者混为一谈。不过，从第一只成功驯化的狼，到今天还未改变的，是田园犬看家护院、陪伴人类的属性。

关于狗的记载，相传在五帝时期，帝喾就曾养过一只名叫盘瓠的狗。[1]这狗的身世十分奇异，相传帝喾的王宫中有一位老妇，患有耳疾，宫中御医为其医治，从耳中挑出一只虫子，大如茧。医生将这只虫子放在一个瓠蠡中，盖上盘子。不久之后，虫子化成一只狗，有五色花纹。帝喾见后，便以"盘瓠"为其名，并将它养在宫中。时值戎吴作乱，众将皆不能敌。帝喾随即许下承诺，若有人能擒戎吴，便赏千金，封万户，还要将女儿嫁给他。几日后，帝喾见盘瓠叼来一个人头，仔细辨别，发现竟是戎吴。碍于盘瓠的形象，帝喾并没有遵守自己的承诺，反倒是他的女儿认为既然许下诺言，便要遵守，随即与盘瓠一道去往南山居住。[2]

在早期人类的生产与生活当中，中华田园犬扮演着重要的保卫角色。另外，中华田园犬与马、牛、羊、鸡、猪并称为"六畜"。六畜兴旺，代表着一年无灾，四季无害，五谷丰登，家和圆满。一年到头，小小的一方院落里，齐齐整整，炊烟阵阵，是古代劳动人民质朴、理想的生活景象。

---

① （南朝宋）范晔:《后汉书》，北京：中华书局，2000年，第2829页。

② （晋）干宝:《搜神记》卷14《盘瓠》，北京：中华书局，1979年，第168页。

普通百姓养狗，大多是用它来保护家畜，而戒备相对严密的贵族，养狗更多是为娱乐。商周之时，王室便有专门养狗的官员，周人将其称作“犬人”。这类官员的职责就是为王室挑选优良犬种、日常饲养，以及与犬类相关的祭祀礼仪。这些专门饲养的犬类，在王室成员外出打猎时，会跟随在主人身边，负责追击并扑咬猎物，辅助贵族进行打猎活动。商代人还会为自己的爱犬举办跑步比赛，此项活动名为“走狗”。“走狗”一词的含义很多，可以指犬类参与日常狩猎的行为，也可以指犬类之间的比赛。后世的文人则多以该词为讥讽，称呼那些狐假虎威为权贵办事的人。

说回敦实可靠的小狗。因为人工的介入，田园犬中的优良品种得以被发现并保留，田园犬的品种，在西周时迎来第一次丰富。据史料记载，西周之时，王室专养的犬类便有重工、彻止、来白等品种。到周穆王时，周边的一个小国曾一次向周王室进献受过训练的良犬七千余只。[1]此次进贡应当十分符合穆王

① 王根林等点校:《穆天子传》卷 3,《汉魏六朝笔记小说大观》, 上海: 上海古籍出版社，1999 年，第 9 页。

的心意。对于一个喜爱出行的君主来说，七千只良犬，能为他的旅途增添不少乐趣。

《广雅》记载，春秋战国时期的人们已经培育出诸如殷虞、晋獒、楚茹黄、韩卢、宋鹊等优良品种。相应地，也出现一批专职选种进行贩卖的人，他们被称为“相狗人”。《吕氏春秋》就记载过一则故事，齐国有一个相狗人，他的邻居有一只养了多年的狗，这只狗不会抓老鼠。邻居感觉很奇怪，于是向相狗人询问，相狗人说：“它的志向是追捕獐鹿，不屑于捕鼠，你要想让它捕鼠，就把它的后腿绑起来。”邻居照相狗人说的去做，那只狗果然就开始捕鼠了。[1]

英雄心气或许就是这样被一点点消磨殆尽的。作者写这个故事，大概也有教育劝诫的意味在其中。不过从犬类的繁育产业来看，这则故事至少说明，我国先民在春秋战国时期便对本土犬类的习性有相当的了解，育犬工作呈现专业化趋势。此后数百年，这些经过人为选育的本土犬始终活跃在人们的日常娱

① （北宋）李昉：《太平御览》卷 644《刑法部·械》，石家庄：河北教育出版社，1994 年，第 69 页。

乐生活中。秦汉两代的皇宫中均有犬类养殖的记载，两汉宫廷还设有“狗监”这一职位。王公贵族常在走狗台、犬台宫观看走狗比赛。与商周时一样，上层社会对于犬类项目热衷，以及狩猎等活动的展开，促使民间对本土犬类的繁育工作得到进一步发展。出现白雀、飞龙、虎子等新品种。得益于丝绸之路的连通，西域犬种在晋时走进人们的视野。

傅玄在《走狗赋》中写道：

逾三光，跨大河，希代来贡，作珍皇家。骨相多奇，仪表可嘉。足悬钩爪，口含素牙……势似凌青云，目若泉中星。[①]

《旧唐书·高昌传》记载，唐武德七年，高昌王麴文泰向唐高祖献犬雌雄各一只。这两只狗高六寸，长一尺有余，甚为聪慧。据高昌使臣说，这种狗原本产于拂菻，因此，这种狗又被称为拂菻狗。自此，拂菻狗开始在中华大地上传播开来。[②] 据学

---

① （唐）徐坚：《初学记》卷 29《兽部·狗》，北京：中华书局，1964 年，第 714 页。
② 《旧唐书》卷 198《西戎·高昌》，北京：中华书局，2000 年，第 3602 页。

者考证，麴文泰所进献的拂菻狗，便是在唐代流行的“猧子”。[①]拂菻狗身形小巧，性格温顺，适合作为宠物养在身边，随即为一众贵妇所喜爱，唐人周昉所作的《簪花仕女图》中便可看到这种西域狗的身影。在饲养拂菻狗的人中，最有名的当是杨贵妃。《酉阳杂俎》记载，天宝末某日，玄宗与亲王下棋，杨贵妃在一旁观棋。玄宗眼看要输掉棋局，贵妃便将自己的康国猧子放在坐榻边。猧子跳上桌将棋局搅乱，玄宗见后大为欢喜。[②]

拂菻狗被引进的同时，中国的本土犬类有了新发展，相对应地，与狗相关的文化与观念亦发生改变。《艺文类聚》中有载，“白犬乌头令人得财，白犬黑尾令人世世乘车，黑犬白耳犬主畜之令人富贵，黑犬白前两足宜子孙，黄犬白尾令人世世衣冠。”[③]综合而言，白色的犬只，最为唐人所喜爱。因古时许多祥瑞都呈现白色，所以白色在唐代，具有吉祥的寓意。白犬自然

① 王永平:《游戏、竞技与娱乐——中古社会生活透视》第 9 章《花鸟鱼虫》, 2010 年, 第 333 页。

② （唐）段成式:《酉阳杂俎》卷 1《忠志》, 北京：中华书局，2017 年，第 17 页。

③ （唐）欧阳询:《艺文类聚》卷 94《兽部中·狗》, 上海: 上海古籍出版社，1965 年，第 1637 页。

也成为唐人观念中的吉祥之物。

唐人将犬类作为宠物的同时，也将其与日常娱乐联系起来。《长短经》有记载，“临淄甚富而实，其民无不吹竽鼓瑟、弹琴击筑、斗鸡走狗、六博蹴鞠者也。”[①] 此处说的走狗，与前文所提商代人走狗游戏一样，是一种比拼犬只速度的竞速类游戏。不同之处在于，商代人的走狗游戏属于贵族专属，而到唐代，走狗竞技已然普及到民众当中。关于唐代走狗游戏的记录十分丰富，大多数参与者，是富贵人家的少年子弟。他们无心科举，终日沉湎于走狗狩猎、斗鸡架鹰的活动中。面对这种现象，当时的许多文人都写文批评，认为这是浮华之气，于国不利，长则不兴。意料之中的，文人的规劝之语并未被这些少年游侠所采纳。在民间流传甚广的走狗游戏，随着市与坊之间、夜与昼之间的界限越发模糊，而变得更为兴盛。

到宋代，宋人在原本的基础上，对本土犬类做进一步划分，从宋人的记述中，我们可以看到，周围区域的特产犬类通过彼

① （唐）赵蕤：《长短经》卷5《霸纪中·七雄略第十》，北京：中华书局，2017年，第278页。

此贸易，进入中原市场中——主要可分为四种，即北犬、蜀犬、越犬、“蛮犬”。

蜀犬有两种，罗江犬和曹南犬。罗江犬毛色赤黄，生性机敏，善于缉盗。宋仁宗时期的台谏官宋禧就曾提出要引进这种犬类，养在掖庭，以做警卫。曹南犬以舌头有花纹、尾巴卷翘者为上品，其与罗江犬长相较为相似，宋人也常将二者混淆，难以区分。“蛮犬”产于西南，多做猎狗之用。《岭外代答·禽兽门》记载，“‘诸蛮’以马互市于横山，皆作茅舍野次，谓之茅寮，率一犬以自防，盗莫敢近。”[①]性情凶猛，由此可见。越犬主要有四种，即郁林犬、狮狗、大脚胫犬、襄犬。与其他三种不同，狮狗属于小型犬，时人对它的形容是，“尤可爱”。[②]狮狗常与拂菻狗一起，作为宠物犬陪伴在主人身边。

北犬与前文几种犬类有很大不同，史籍形容其“甚高大”[③]，

① （南宋）周去非撰，杨武泉校：《岭外代答校注》卷9《禽兽门·蛮犬》，北京：中华书局，1999年，第352页。

② （南宋）洪迈撰，何卓点校：《夷坚志》卷9《全椒猫犬》，1981年，第865页。

③ （南宋）谈钥：《嘉泰吴兴志》卷20《物产·犬》，《宋元方志丛刊》第5册，北京：中华书局，1990年，第4861页。

南宋人岳柯的同乡便在家中畜养北犬数十只，均是优良品种，性格刚猛，旁人极难近身。从上述几种犬只的分布可知，至宋代，中华田园犬的生活范围已超越前代，且在品种上有所增加，全国各地均有优良犬种产出。可以说，时至宋代，犬只已然成为人们日常生活中的一部分，人与犬只的联系越发紧密。

说到宋代的犬只，有一个角色不得不提，1999 年，动画电影《宝莲灯》上映，该片由上海美术电影制片厂制作，历时四年完成，一经上映，便广受好评，斩获多项奖项。在该电影中，天狗食日一段令人印象深刻。二郎神身边的哮天犬身形细长，动作敏捷，它的原型便是中华田园犬中的细犬。而宋代，正是细犬被大量养殖的时代。在宋代皇家狩猎活动的记录中，时常可见细犬的身影。至于哮天犬的主人二郎神，也是在宋仁宗时期受到官方认可，被特封灵应侯，川人则称他为护国灵应王。关于二郎神的原型，民间流传着许多说法，至仁宗封神，才将原型确定，即秦昭王时期蜀郡太守李冰的次子，民间多称其李二郎。今人熟悉的杨戬，则是明清小说家不断塑造的结果。

清代是中华田园犬进一步发展的时代，先后出现北京犬、西施犬、贵州下司犬、昆明犬等著名犬种。北京犬当是清代诸犬中地位最高的犬种，明清人将其称为牡丹犬，该犬最为慈禧太后所喜爱，被逐渐推广到清代王公之间，且一度被禁止民间饲养。因北京犬身形较小，贵族又对其极为宠爱，故而常将它放在衣袖之内，随身携带，北京犬也因此具有了“袖犬”的称号。[①]

回顾中华田园犬的发展史，既见中外交通，也见区域交流。不同地区的人们共同保持着对犬类的喜爱，将它们作为自己生活、生产的一部分。人与自然的亲近，通过犬只的饲养得以展现。在一次次的交流中，人与犬，都在以自己的方式感受这个世界。

① 全群丽:《中国本土犬系列介绍 8 :从皇室到民间的北京犬》,《中国工作犬业》, 2021 年第 4 期。

二、“本犬纲目”：听说你是狼变的

清代小说家蒲松龄曾写过一个故事，名叫《小猎犬》，收录于其著作《聊斋志异》中。

主角名叫卫周祚，是明崇祯十年的进士，后来转投清廷，官至保和殿大学士、户部尚书。

故事发生于卫周祚尚未发迹之时。为图清静，他搬进僧院，独自生活。山中蚊虫甚多，卫周祚不堪叮咬，彻夜不眠。在他辗转反侧之际，忽出现一小武士，披挂齐整，牵一猎犬，复召武士百余人、猎犬百余头，搭弓射箭，蚊虫应声而落。

卫周祚假眠于榻，暗中观察，又见一黄衣人，头戴平天冠，似是王者模样。众武士见王现身，纷纷进献蚊虫。少顷，王乘小车离开，武士紧随其后。卫周祚心中暗叹，却不敢有所动作，直至一干人等消失不见，才翻身坐起，四处察看。那群武士来也蹊跷，去也无声，只在壁砖上留下一只猎犬，猎犬身细腿长，应是细犬。说来也是大胆，卫周祚见到猎犬并未惊慌，而是用砚匣将它饲养起来，喂以饭粒。猎犬习性未改，对卫周祚投来的粮食不闻不问，只对蚊虫感兴趣。卫周祚也乐得此物为他驱蚊，于是将猎犬养在身边。

好景不长，某日卫周祚午睡，猎犬卧于身旁，他翻身之际便将猎犬压在身下，等卫周祚悠悠转醒，才发现猎犬已成纸片。[①]

这个故事诞生于三百年前，但其想象力与诙谐程度不逊今人。猎犬卧于身侧而被压成纸片这一情节，带有很强的蒲氏幽默。而文中所写的狩猎场面，自殷商以来，经久不衰。由狼驯化而来的猎犬，在这项活动中，亦展现出不输先祖的风采。

狩猎活动，是早期人类获取食物的主要来源，在人们的日常生活中有着较高地位。部落中的成年男人，手持弓箭，腰佩短刀，配合猎犬，穿梭在茂密的丛林中，奔走在广袤的平原上。猎犬的作用主要在追击和扑咬猎物，它们算是人类的前锋。回

---

① （清）蒲松龄撰，任笃行辑校：《全校会注集评聊斋志异》，北京：人民文学出版社，2015年，第882页。

到部落里，猎犬还可以充当警卫，为人们看守家禽和财产。

狩猎与农耕的双向并行，使得部落中的人口稳定增加，占据优势区域的部落发展壮大，形成相对富庶与强悍的领导部落。不同部落间以贸易、联姻、交战等形式认识彼此并形成联盟。区域性的利益团体就此形成。拥有一定规模的人口与土地后，王国逐渐成形。

规模化的农业生产会让狩猎活动在人们日常生活中的比重降低，但并不会导致狩猎活动的消失。这种活动或在边境地区得以保留，或成为贵族的娱乐方式。而此类娱乐方式有一个专属名称——田猎。

商代人十分重视田猎，在现今出土的占卜兽骨中，与田猎相关的多达四千五百余片。刻辞会将商王田猎的时间、地点、方式、捕获野兽的种类等信息记录其上，[①] 其中不乏猎犬的身影，猎犬跟随商王巡游各地，逐獐扑鹿，配合默契。商王的猎犬有专人饲养，从事这项工作的人被称为“犬人”。因常伴商王出

① 陈双新：《也论商王田猎的意义》，《殷都学刊》，2002 年第 3 期，第 17 页。

行，这些犬人也会作为代表商王的官员被临时外派，至商晚期，犬人已成为固定的外派职官。[①] 周人的田猎制度则更为完善，围猎场所趋于固定，且有配套的军舍、军门等设施。狩猎之前还有一套完整的礼仪章程，包括祭祀、誓师、进军、凯旋、欢呼、献禽。[②]

众所周知，周人喜欢把各类事物分门别类，狩猎也不例外。春季狩猎称为春蒐，意为搜集动物，此时狩猎的对象是还未怀胎的动物；夏季狩猎称为夏苗，意为消灭祸害庄稼的动物；秋日狩猎称秋狝，捕杀的主要是伤害禽类的动物，清代的木兰秋狝便源于此；冬季活动叫作冬狩，此时捕猎就没有专门对象，百无禁忌。[③]

商周时期的田猎，其目的也不全是作为消遣。在中央与地方仍然以血缘为纽带维持关系的时代，天子狩猎，实际上还代表着对诸侯的威慑。通过狩猎来展现个人能力、军队素质，是

① 陈翔:《田猎与晚商王权秩序的制度演进》,《史学月刊》,2023年第11期,第37—38页。

② 杨宽:《先秦史十讲》，上海：复旦大学出版社，2006年，第254页。

③ 杜预注，孔颖达疏:《春秋左传正义》，北京：北京大学出版社，1999年，第92页。

商周两代狩猎活动兴盛的深层原因。狩猎需要调动军队配合，这也是重要的训练机会。总体而言，商周时期的狩猎活动，依然带有强烈的政治意味。鹰鸣犬吠间，车辙相覆，箭矢丛发，猎犬代表的是君主形象。

自秦汉以来，不少名人都有喜爱狩猎的记录，比如秦始皇的宰相李斯，他的遗言便是，“吾欲与若复牵黄犬俱出上蔡东门逐狡兔，岂可得乎！”[①]言语之间，多是遗憾。

两汉的宫廷狩猎场所较为固定，在禁苑中均设有猎场，风景秀丽，多保持原本的自然风光，其中猎物也由专人饲养。飞禽走兽，无所不有，外国进贡的珍稀动物，亦养在禁苑之中，供皇帝游玩观赏。诸多项目中，还是游猎最受欢迎。

长期以来，田猎的辅助动物均以猎犬、猎鹰为主。张衡在《西京赋》中提到，汉代皇帝田猎所用的犬叫作“猃猲獢”。猃，是长嘴的意思，猲獢则是短嘴，也就是说，汉代田猎并不使用单一犬种。长嘴猎犬善于捕猎，短嘴猎犬体形庞大的同时，具

① 《史记》卷87《李斯列传》，北京：中华书局，1959年，第2562页。

有较强的攻击力，因此，汉代田猎活动将两种犬类混用，为的是更好地保障田猎效果，让捕猎者不至于空手而归。皇帝在狩猎前，会先与随行队伍在期门会合，沿路旌旗连云、明光照铠。到达狩猎地点后，就地扎营。皇帝要誓师明确纪律，随后士兵手持火把，进入猎场，对野兽或驱逐，或拦截，猎犬在旁辅助追赶。将野兽引入包围圈后，埋伏已久的士兵手持兵刃，对野兽进行捕杀，有极为英勇者，甚至会赤手相搏。山谷之中，火光点星；沿河之畔，嘶吼裂云——对于不能亲临前线的皇帝来说，这种娱乐活动，是体验沙场生活的最佳选择。

皇家狩猎的传统延续至唐宋，管理猎犬的机构变成五坊。有唐一代，文献可查的狩猎多达八十七次，自高祖始，于昭宗终，时间跨度达二百七十余年。[①] 五坊官员最初由文官担任，自代宗之后，五坊归由宦官管辖。五坊为皇帝效力，每年从民间搜罗到的辅助动物不计其数，随着宦官势力在中央的增强，掌管五坊的宦官日常行事更为跋扈，甚至对底层百姓的生活都造

① 吕学良:《试论唐朝田狩礼的“名”“实”及其政治的关系》,《运城学院学报》,2022年第2期，第9页。

成严重影响。[①]宋代的五坊设置时断时续，这也与宋代崇文抑武的风气有关。宋廷与周边国家保持战争状态时，五坊便会随之存在，当双方进入和平时期，五坊又会在大臣的一片“禁狩”声浪中取消。

五坊的猎犬主要有两个来源，一是外国进贡，二是自民间购得。唐代游猎之风盛行，太宗时期较为频繁，致使宫中豢养猎犬数量激增。高宗继位后，便下令各地禁止再向宫中进献猎犬。宋太宗也因大臣时常劝诫他莫因游猎玩物丧志而于端拱元年十月发布禁献鹰犬诏书。虽然朝廷有禁令，但民间游猎活动并未受此影响。能负担狩猎开销的人群，依然成群结队，出没山林，架鹰牵黄，追兔逐狐。这与尚武风气无关，或饱受案牍劳形之苦，或家富无心仕途。唐宋时期的经济繁荣，在扩大市场，细分职业的同时，也孕育出一批脱离生产的富贵闲人。唐宋两代引进西域犬种，又繁育本土犬种，品质优良的猎犬唾手可得。在专业相狗人的帮助下，性情凶猛、四肢健壮的犬类由

① 李梓晨:《唐代犬只研究》，西南大学硕士学位论文，2023年，第50页。

驯犬师驯化，跟随主人奔驰在山野之间。狩猎对于富贵闲人来说，更像是一场游戏。

宋太宗时有一名官员叫作符彦卿，其人好养鹰犬，在担任地方官时，便以射猎驰逐为乐。手下摸清他的爱好后，便争相献犬。符彦卿收过贿赂，对属下的态度也越发宽容。就算属下犯错，若是能向他进献名贵鹰犬，符彦卿再生气也会给予赏赐。[①]部分官员对于狩猎活动的喜爱，已然阻碍国家对于地方的管理。

但客观而言，上层群体对于游猎活动的追求，对民间犬类培育还是起到一定的积极作用。宋代德兴县有一程姓猎户，家中畜养“猛犬”数十只，用作捕猎辅助。在长期的狩猎过程中，这位程姓猎户，也总结出一套保护猎犬的方法，他认为，即使是猎犬当中的优良品种，也会害怕狐狸，因为狐狸身上有“秽气”，会熏伤猎犬，所以在遇到狐狸时，必须赶紧将猎犬收回，以防猎犬受伤。[②]

时间来到明清，彼时的西方处于中世纪末期，西方人对神

---

① 《宋史》卷 251《列传十》，北京：中华书局，1977 年，第 8840 页。

② （南宋）周密:《癸辛杂识》续集上《大野猪》，北京：中华书局，1988 年，第 120 页。

学的研究，以及教士自身的虔诚信仰促使他们远渡重洋，他们怀着传播上帝福音的理想踏上古老的东方大陆，走进紫禁城，开始与明清的官僚贵族进行接触。起初，基督教在中国的传播并不算顺利，禁令与限行使得传教士的活动范围相对固定。他们也并未因此沮丧，反而与中国的士大夫群体有着愉快的互动，比较有代表性的，就是与徐光启一起翻译欧几里得《几何原本》的利玛窦。他绘制的《坤舆万国全本》是中国历史上的第一幅世界地图。

绘画，似乎是明清来华传教士的必备技能。清代著名宫廷画师郎世宁、艾启蒙等都是耶稣会的成员。玻璃的发明与应用，使得西方画师对于透视、光影的运用与理解更为深入，他们笔下的人事物，也更立体鲜活。得益于西方画师的加盟，参加木兰秋狝的猎犬们，可以画作的形式，为今人所见。

由西洋画师的画作亦可见，清代皇家游猎所用猎犬，除历代常见的中华细犬外，还有藏獒、虎斑犬等。乾隆皇帝还分别为这“十只骏犬”起名，诸如霜花鹞、墨玉璃、蓦空鹊、雪爪卢等，可见他对这十只猎犬的喜爱。

此犬名为雪爪卢，此图为十骏犬图之一。[①]

前文提到，猎犬是由狼进化而来。游猎活动的参与，体现出猎犬承袭自狼的身体素质，而猎犬在军事活动中的表现，则

① （清）艾启蒙:《十骏犬图》，现藏于故宫博物院，https://www.dpm.org.cn/collection/paint/232591.html。

是其机警天性的全面展示。

猎犬除良好的身体素质外，还有敏锐的听觉与嗅觉，因此，在军事活动中，常被用作警备，守卫城池时，也会被放置在城墙上。《通典·守拒法》记载，“夜中城外每三十步县大灯于城半腹，置警犬于城上，吠之处，即须加备。”[①] 同样的方法也被应用在军营之中，“穿蚰蜒壕围凤翔，设犬铺、铃架以绝内外。”[②] 这里说的犬铺，即在军营中设下的猎犬哨所，常布设于军帐四方，敌袭到来之前，猎犬听闻声响，便会狂吠，军中将士便可以此为号，提前准备应敌。为应对军犬需求，唐军也会在军中配备专业的训练人员。贞元年间，马燧坐镇太原，就地招募能驯养猎鹰、猎犬的人才，以备军需。

猎犬在狩猎时，接到命令，便会追击目标。这放在现实作战中依然适用。南宋宁宗嘉定二年十二月，弥羌畜卜举兵袭宋，宋军准备不足，遭遇偷袭，慌乱之中，弥羌放出猎犬追击，宋

---

① （唐）杜佑:《通典》卷152《兵五·守拒法》，北京：中华书局，1988年，第3896页。

② （北宋）司马光:《资治通鉴》卷263《唐纪七十九》，北京：中华书局，1956年，第8582—8583页。

军军心溃散，惊惧之下，四散奔逃，被赶入山谷之中。[①]

从围捕野兽到参与作战，猎犬因其凶猛习性，常伴人类身边。它们自始至终都在履行自己的职责，忠于饲主，护卫安全。

① （南宋）李心传撰，徐规整理:《建炎以来朝野杂记》卷 20《边防三·戊辰畜卜之变》,北京：中华书局，2006 年，第 881 页。

三、黄耳传书：你见过送信的“大金毛”吗？

人们最初驯养犬类的目的是十分纯粹的，但在长期的相处过程中，那份功利成长为长久的陪伴。

游牧时代，少有动物能长久生活在人类的领地中，犬类便是一个。人们在家修整时，犬类扮演着保卫者的角色；当人们集体外出打猎时，它们又紧随在旁。聪明机灵是它们的特质，忠心护主是它们的标签。管子说人有四维，即礼义廉耻，而古时的人们对于良犬品质，也有八字总结——忠义勇猛、勤善美劳，合称八德。人与田园犬的联系以千年为单位，此八项品质到底是先天具有，还是后天习得，已说解不清，但不可否认的是，田园犬在古人的生活中，发挥着重要作用，是帮手，亦是朋友。

三国时有位名士，名叫陆机，是东吴名臣陆逊之孙。其人喜好游猎，常牵黄呼众，出没山林。他的门客见此，随即投其所好，赠予他一只黄耳犬。这只黄耳犬具体是什么品种，今人已无从得知，但从其事迹来看，此犬应当聪慧非常，因此深得陆机喜爱，即使陆机远赴洛阳任官，也将其带在身边。

陆机家住吴郡，与洛阳相隔甚远。古时通信远不如今日便捷，人背马驮，山高水远。一封书信如不经官道加急运送，一两个月才收到也是常事。书信尚且如此，更何况人之别离。古人常有离别诗，今人观之，多以为抒情唱和之作，但对于当时的人来说，一次分别，或为阴阳永隔。与君自此居南北，唯有明月共此时。鸿雁传书，鱼传尺素，文艺自当文艺，但也饱含沉沉记挂之情。但是，小狗从不让人失望。

陆机的这只黄耳，应当经过专人训练。《述异记》称它“黠慧能解人语，又尝借人三百里外，犬识路自还”。[①] 这是一只会认路的聪明小狗。也是因为这一独特技能，“黄耳”在历史上便留下了“黄耳传书”的典故。陆机闲来无事，且多日不曾收到

① 鲁迅:《鲁迅全集》卷 8《古小说钩沉 · 述异记》，北京：人民文学出版社，1973 年，第 283 页。

家书，便玩笑似的对黄耳说："我家绝无书信，汝能赍书驰取消息不？"[①] 黄耳一听，便摇尾应声。陆机随即将书信放在一个竹筒中，用绳子系在黄耳脖子上。黄耳一转身便向吴郡奔去。此去路途遥远，凡人尚需按图问路，黄耳却能通行自如，饥则寻食，渴则饮水，遇逢大河，也能靠着向船家摇尾，得其喜爱，随即上船。两地相距千余里，黄耳仅用半月便还，效率之高，堪称"金牌助理"。《晋书》对此事的记载，到黄耳衔家书归来便戛然而止，《述异记》则多载一事。即黄耳死后，陆机将其埋葬，后人便称此处为"黄耳冢"。"黄耳传书"一事本就多有奇异色彩，留冢传名更是难辨真假，不过古人爱犬之心，已胜过真假。

黄耳的故事，与"八德"甚为贴合，故而后人也将黄耳称为义犬。义犬故事，后世多有记载，先暂置一旁，咱们顺着"传书"往下讲。

古人通信，多靠驿站。中国古代的驿站制度，起于商周，

① 鲁迅：《鲁迅全集》卷 8《古小说钩沉·述异记》，北京：人民文学出版社，1973 年，第 283 页。

经唐宋完善，于元明清臻于完备。《周礼·地官》有载：

凡国野之道，十里有庐，庐有饮食；三十里有宿，宿有路室，路有委，五十里有市，市有候馆，候馆有积。[①]

可见，早在西周之时，我国便建立起相对完善的驿站体系，春秋战国多沿袭于此。汉则废传车，而用驿骑，传送速度得以提升。唐宋驿站制度亦在此基础上多作修改。古时驿站或三十里置一所，或六十里置一所，配合官道，形成庞大的运输网络，以供全国信息、物资转运需求。至元朝草创，管辖区域空前辽阔，“东贯高丽，南入安南，西抵波斯和欧洲”，[②]如此体量的国家，需要的是更为成熟的驿站制度。因此，自元太宗起，驿站成为元廷建设的重点。传驿在蒙古语中被称为“站赤”，而从事驿站工作的人被称为“站户”，且终身从事，子孙相继，不能轻

① 杨天宇撰:《周礼译注·地官司徒第二·遗人》，上海：上海古籍出版社，2004 年，第 196 页。

② 王世厚:《我国古代的驿站与烽燧》，《文献》，1985 年第 1 期，第 8 页。

易改变。元廷共在全国设置驿站1496处，四面通达，于边境地区亦设驿站。

除增加驿站数量外，元廷建设的驿站系统更具有种类齐全的特点。针对不同地理条件，元廷设置不同类型驿站，陆路交通以马站、牛站为主，辅以驴骡及木车；水路则用舟船；而在冬季漫天大雪、厚积难行的东北地区，还设有狗站。元代官修政书《经世大典》中，便对元廷传驿系统有如下总结：

凡在属国，皆置驿传，星罗棋布，脉络相通，朝令夕至，声闻毕达。①

元廷于东北地区设置辽阳行省，以辽之东京（即今辽阳市）为中心，辐射女真部及高丽地区。如上文所言，东北边境地区每至冬季，大雪封山，车马难行。为应对此种情况，元廷特设狗站，以犬拉车，维持该地区物资运转。《元史》对此有详细

① （明）解缙等撰:《永乐大典》卷19416《经世大典》，北京:大众文艺出版社，2009年，第4270页。

记载：

狗站一十五处，元设站户三百，狗三千只，后除绝亡倒死外，实在站户二百八十九，狗二百一十八只。[①]

今有西伯利亚雪橇犬，古有辽阳狗站犬。经过人为训练的犬类，在冬季的无边大雪中，陪伴着生活在雪原中的人，提供温暖，使命必达。另外，陶宗仪在其著作《南村辍耕录》中写道：

高丽以北名别十八，华言五华城也……其地极寒，海亦冰，自八月即合，至明年四五月方解，人行其上，如履平地。征东行省每岁委官至奴儿干，给散囚粮，须用站车，每车以四狗挽之，狗悉谙人性。站有狗分例，若克减之，必啮其主者，至死乃已。[②]

---

① 《元史》卷101《兵志四·站赤》，北京：中华书局，1976年，第2592页。

② （元）陶宗仪：《南村辍耕录》卷8《狗站》，上海：上海古籍出版社，2012年，第89页。

从此则材料可知，极北地区的狗站，多用于为流放至此的囚徒供给粮食。每次运粮，需以四犬拉车，且派送囚粮的官员需给拉车犬奖励。需要指出的是，材料中所说的“主”，应当不是狗站役犬的饲养者，而是分配奖励的官员。不过，从此处，亦可见此地役犬的凶猛习性。

元廷以犬代马，固然能解决此地物资运输问题，但现实是，驿站所用，无论犬马牛车，皆由站户承担，途中损耗，也由站户自理，且户籍与工作强行绑定，久之，许多站户便私自逃走，成为流民，狗站役犬数量也明显下降。如此情况至明朝时，亦未得到改善，明廷继承元代驿站制度的同时，苛税情况依然存在。[①]

前文所说驿站，虽数量众多，连网互通，但总体而言还是为官家公用，民间通信并不包含在内。古代民间通信方式多样，以托人传带为主，其中亦不乏动物代为送信的传闻，鸽子是此

① 郭廷兵：《中国古代驿制嬗变与驿夫命运》，《甘肃社会科学》，2019年第2期，第172—173页。

中常客。唐代名相张九龄便曾以信鸽传递家书，时人多以为奇事。[①] 直到清时，我国才出现专门负责民间信件、物资运输的机构，时称“信行”或“信局”，从业者多为浙江绍兴人。委托人只需在货件上写明银数或者内件价值即可。若运输过程中，货物因信局过失而遗失，信局会照价赔偿。至清光绪八年（公元1882年），宁波共有八家信局，重庆则有民信局十六家。[②]

关于驿站的故事到此为止，但关于犬类的故事还没有结束。相较于犬类的运输功能，自魏晋以来，人们更在乎它的忠义。

历史上有很多义犬救主的故事，其中最为著名的当属干宝在《搜神记》中记载的“黑龙”。与黄耳一样，这是一只生活在三国时期的小狗。从它的名字可以看出，这应当是一只黑毛犬。它的主人叫作李信纯，某日李信纯外出赴宴，大醉不归，倒窝草中。恰逢太守郑瑕出猎，见草丛高深，遂命人纵火烧草。李纯信窝处位于上风口，他的爱犬见火势蔓延，连忙摇拽主人衣裳，但李纯信不省人事，毫无反应。万幸不远处正有一条小

---

① 刘广生主编:《中国古代邮驿史》，北京：人民邮电出版社，1986年，第372页。

② 刘广生主编:《中国古代邮驿史》，北京：人民邮电出版社，1986年，第379—382页。

溪，黑龙飞身而至，将身体打湿，再折回李信纯身旁，抖落水滴，将干草浸润，如此反复多次，终于保全主人不受烈火侵袭，但黑龙也因此力竭而亡，倒毙李信纯身侧。李信纯醒来时，周身尚湿，爱犬卧倒一旁，甚是奇异，起身得见焚草之迹，当即明白过来，随即恸哭。太守郑瑕听闻此事，亦伤感不已，说道："犬之报恩甚于人，人不知恩，岂如犬乎？"而后，郑瑕命人为黑龙收敛，以棺椁葬之，后人多称此为"义犬冢"。[①]

干宝之后，义犬故事不绝于书，或是救主人于危难，或是避凶险于未发，犬之聪颖灵性，多有体现。明清之际，是中国古典小说的蓬勃期，也是民间商业的兴盛期，商人与狗的故事，多载于文人笔记之中，其中又以徽商故事繁多。

提起明清商帮，世人亦能说上一二，晋有晋帮，徽有徽商。此二者当是除扬州盐商、绍兴师爷之外，最为人所知的明清社会群体。文人创作、现代影视亦多取材于此。倒不必说什么经商天赋、贸易之能，古人经商，影响最大的因素，是土地资源

① （晋）干宝：《搜神记》卷20《李信纯》，北京：中华书局，1979年，第240—241页。

的日益短缺与区域人口的日益增长。实乃无奈之举，大不必夸而耀之。至于此后的儒商结合、诗书传家，亦是前人之力，后人之福。义犬与徽商的故事，还要从头说起。

对于安徽的自然条件，古人曾总结道：七山一水一分田，一分道路和庄园。单就这一分田，在看天吃饭的时代，仍不能保障温饱。山洪、旱涝、虫灾，任何一个环境因素的变动，都可能导致整年收成毁于一旦。同时，不算肥沃的土地，却要供养数十万人口。明初时，安徽省人口数量便已趋近60万，进而造成地狭人稠的局面。[1]生存压力的增加，致使部分人必须另谋生路。好在安徽距离两淮盐场并不遥远，盐业逐渐成为徽商从事的主要业务。不少徽商通过盐业完成资本积累后，便转向茶、木等业务，向长江三角洲地区输送。可以说，徽商的兴起，与长江三角洲密切相关。[2]而后明朝实行开中法，使得徽商与江南盐业的联系更为密切，更与晋商划江相持。当然，这些都是

① 王世华：《双子星座：徽商、晋商比较研究》，《安徽师范大学学报》（人文社会科学版），2005年第6期，第635页。

② 葛剑雄：《从历史地理看徽商的兴衰》，《徽学研究》，2004年第5期，第85页。

宏观层面的描述，能做到盐、木、茶三者同货的商人也是少数。在明清时的安徽地区，更多的还是势单力薄的行脚商人，他们的足迹遍布滇、黔、闽、粤、豫、晋、燕、秦。[①]或是结伴而行，或是独自外出，毕竟要涉足山林，更要穿过荒郊野岭，徽商常会携带一只家犬作为陪伴。这些家犬不仅承担着保护主人的任务，也在夜寂无声之时，成为商人的情感陪伴。《里乘》曾有过一段记载：

休宁黄某，贸易越东。蓄一番犬，驯而且黠，能解人意，黄极珍爱，每食即饲以其余。眠则令卧床下；出入行止，须臾不离。[②]

义犬救人，人亦救犬。明清小说中，不再只有动物救主的故事，人对于动物的爱怜，也显露于文本中，《芜湖县志》曾记载：

① 许承尧撰，李明回点校：《歙事闲谈》，合肥：黄山书社，2001 年，第 603 页。
② 许奉恩：《里乘》，济南：齐鲁书社，1988 年，第 71 页。

歙客某，以贩笔墨为业。一日经某地，见群丐缚一犬，将屠之，犬呜呜作哭声。客驻足观之，犬举首作乞怜状，遂出数百文，购而释之。①

经过长期的相处，商人与犬间，在犬的护卫之用外，更有生灵间的互怜互爱，这未尝不是一种进步。推而广之，在未被文字记录下的历史片段中，古人与犬，逐渐成为朋友，甚至是家人。无独有偶，与徽商分据南北的晋商，也有关于义犬的记载。

清初有一晋商钱庄，名为大盛魁，其有一分号设于察哈尔。时值钱庄资金周转不灵，掌柜愁眉不展，他养有犬一只，早年游历内蒙古时便将其带在身边。某日掌柜见此犬摇尾，便对它说要是能解钱庄之围，便摇三下尾巴，此犬闻之，果三摇尾。掌柜随即书信一封，放于囊内，又将囊袋系于犬颈。数日后，

---

① 《芜湖县志》，南京：江苏古籍出版社，1998 年，第 304 页。

犬还，内蒙古分庄亦调拨资金，使得钱庄转危为安。[①]此后，大盛魁商号特设狗股，每条狗可顶一厘、二厘，参与分红。[②]

此故事固然与“黄耳传书”有相似之处，也是明清时期人与动物关系的良好体现。非独商人重信义，人皆重之。犬类聪慧善学，对古人的生活多有帮助。义犬故事讲的不单是奇异的动物事件，更是人与动物的相处之理。义与爱，相辅相成。

① 郭则沄：《洞灵小志·续志·补志》，北京：东方出版社，2010年，第132页。

② 戴昇：《商人与狗：明清义犬中商人的贸易生活与情感表达》，《历史学研究》，2020年第3期，第138—139页。

四、原来“石狮子”是你变的

世上本没有小狗的塑像，爱它的人多了，它便有了像。

古时庄重之地，总会在门前摆上两尊石像，它们普遍卷毛圆眼，神态威武，或脚踩绣球，或口含石珠。

古时石狮子造价昂贵，非寻常人家能够承担，故而其多见于官方机构、富贵大家，而在我国的雷州地区，“石狮子”却是一种亲近之物，确切地说，雷州地区的“石狮子”并不完全是狮子形象，它脱胎于雷州地区的犬类信仰。这并不难理解，早期先民除耕种以外，还要外出打猎填补日需，犬类作为得力助手，必定时常带在身边，且犬类相对于人来说，身体更加健壮，不易生病。同时，犬类还具有听觉、嗅觉俱为灵敏的特点，生性警觉，能很好预防潜在危险。因此，上古时期的许多部落都以犬类为自己的图腾。百越傜人更将盘瓠视作祖先[①]。盘瓠故事所代表的，是历史久远的犬神信仰，时至今日，仍可从我国部分少数民族传统文化中见其踪影。《狗皇歌》便是其中代表，此歌唱道：

头是龙狗身是人，爱讨皇帝女结亲。皇帝圣旨话难改，开基蓝雷盘祖宗。[②]

或许是盘瓠的传说提高了古人对犬的重视，亦可能是犬类在古人日常生活中逐渐占据重要地位，因此派生出盘瓠传说。总之，受信仰影响的同时，人们对犬类悉心挑选，细加训练，久之，亦形成区域特色犬种，广西五红犬便是其中代表。

犬类在雷州先民的日常生活中扮演着保家卫产的重要角色。同时，相较于传统农业地区，雷州湿热，瘴气多生。据《隋

① 李学钧、马建钊:《瑶族盘瓠神话与渡海神话的象征意义》,《广西民族学院学报》(哲学社会科学版)，1996年第1期。

② 顾颉刚:《古史辩》第7册《盘古与盘瓠》,上海:上海古籍出版社,1981年,第173页。

史·地理志》记载："自岭以南二十余郡，大率土地下湿，皆多瘴厉，人尤夭折。"[①]如此情况下，向神犬的祷告中，又多出一项——无病无灾。于是，当地居民就地取材，用玄武岩凿刻犬类塑像，放于公共区域，例如河口、村口、庙口等地，寓意保境安民。后人则将此类塑像称为雷州石狗。

据今人统计，雷州地区现存石狗像约有两万只，且石狗不仅分布于雷州地区，徐闻、廉江、遂溪等地亦有分布。雷州石狗历史悠久，自春秋以来便有存在，且不同时期具有不同特点。秦汉时的石狗塑像大多简单朴素，平头方脸，四肢强健，更接近现实中的犬类。而在其嘴部还有青蛙纹、凤尾纹等具有少数民族特色的纹样。值得一提的是，雷州石狗不似传统石狮子一样体形硕大，最大的石狗高不过 130 厘米，最小的则在 10 厘米左右，总体而言，和平常犬类相差不大。

石狗艺术发展至唐宋，出现第一次变革。汉人迁入，中原文化与当地文化交融孕育，且唐宋之时，许多文人亦至此生活，

① 《隋书》卷 31《志第二十六·地理下》，北京：中华书局，1973 年，第 887 页。

雷州石狗的造型在他们的影响与推动下，造型越加繁复。此时的石狗形象，与汉地的麒麟、石狮，甚至泰山石敢当形象进行融合，因而亦具有辟邪兽角、石狮鬃毛、脚踩绣球等造型。[①]且此时的石狗开始与雷州地区的神明——雷祖产生联系。

雷州位于我国大陆最南端，地处热带，日照强烈且时间长；半岛地形呈龟背形，三面海风能轻易刮到腹地。半岛地面多玄武岩和砖红壤，更易吸收太阳辐射，空气对流较为强烈，因此，雷州地区多风多雷。唐人在《唐国史补》中说，“雷州春夏多雷，无日无之。”[②]清代屈大均在《广东新语》中亦说：

雷州乃炎方尽地，瘴烟所结，阴火所熏，旧风薄之而不散，溟海荡之而不开，其驳气奔激，多鼓动而为雷，崩轰砰磕，倏乎不常，故雷神必生于雷州，以镇斯土辟除灾害也。[③]

① 闫怀兰:《雷州石狗崇拜文化中神狗形象的延演》,《玉林师范学院学报》(哲学社会科学版)，2020年第1期，第58页。

② （唐）李肇:《笔记小说大观》，广陵古籍刻印社，1984年，第17页。

③ （清）屈大均:《广东新语》卷6《雷神》，北京：中华书局，1997年，第201页。

一如居住在山脚的人们多信仰山神，家在河湖之畔则多信仰龙王，独特的自然环境使得雷州地区的人们逐渐派生出风雷信仰，在古时雷州百姓的观念中：

> 天地之神莫大乎雷、风……事雷之神，所以事日；事风之神，所以事月。而雷之神在雷州，风之神在琼州，以二州南之极也。南之极，其地最下，雷生于地之最下而风从之。①

在科学技术尚不如今日发达的从前，人们用已有的信息和更多的想象解释着世界。古人看到雷州之雷，认为是神明作用，代表着天人的情绪。

陈朝时，雷州出现与雷神相关的传说。当时有一人叫作陈铁，以捕猎为生，无子，家中有一犬，生九耳，甚有灵性，打猎时将它带在身边，若有一耳动，则今日可大获一兽，多时

① （清）屈大均：《广州新语》卷6《雷神》，北京：中华书局，1997年，第202页。

三四耳动，少则一二耳动。某日出猎，此犬九耳齐动，猎户大喜，此犬将猎户引至一处草丛，于此地得到石卵一枚。当夜雷雨大作，石卵裂开，里面竟有一男孩。男孩手心有字，左手为雷，右手为州。猎户给此子取名陈文玉。天建三年，陈文玉成为雷州刺史。陈文玉在雷州颇有建树，在他死后，当地百姓便尊他为雷神。[①]后人更将陈文玉称为雷祖。当然，此雷祖非彼雷祖，道教雷部正神乃九天应元雷神普化天尊，而陈文玉的雷祖，则更应理解为“雷州开化之祖”。不过，可以确定的是。以唐为始，雷祖信仰在雷州地区逐渐壮大，雷祖先后被唐宋朝廷加封十四次，以显尊崇。

与雷神信仰紧密相关的，便是每年的祭祀活动。雷州雷神庙设于英榜山，庙名灵震，应建于陈朝时。庙内有铜鼓，多作祭祀之用。每至上元节（农历正月十五），雷神庙内便会举行换鼓仪式。鉴于自然环境，及广播的雷神信仰，雷州人民对于雷神的祭祀并不只限于上元日。每年二月时，天雷渐响，雷州太

① （清）屈大均:《广州新语》卷6《雷神》，北京：中华书局，1997年，第200页。

守便会亲自到雷神庙为雷司开印。六月二十四日，则有酬雷仪式。八月，海风渐弱，陆风渐强，响雷次数日少，太守又会率人前往雷神庙为雷司封印。[①]一开一封间，既求风调雨顺，又祷政通人和。此习俗放在今日，确实带有浓厚的迷信色彩，但祭祀并不只为取悦神明，雷声响、毕之间，是古人对于自然的感悟。顺应自然的同时，人尽人事。

当人们祈祷雷祖护佑，并每年祭祀时，古老的雷州守护神并未被人们遗忘。还记得那只传说中发现石卵的九耳神犬吗？因为它的出现，雷州石狗便成为雷祖在人间的使者。若逢灾年，久旱无雨，雷州百姓便会抬上石狗雕像，走街串巷，还会用柳条抽打石狗，大声吆喝。[②]人们相信，这样做后，石狗便会回到天上给雷祖报信。雷祖一见石狗遭受鞭打，定会动恻隐之心，由此调风降雨，旱情就能得到缓解。与之相似的，还有我国部分地区的龙王信仰，亦是久旱之时便将龙王像自庙中抬出，串

---

① （清）屈大均：《广州新语》卷 6《雷神》，北京：中华书局，1997 年，第 201 页。

② 贺璋瑢、钟德志：《地方民间信仰文化传统的多元因子探略》，《世界宗教研究》，2021 年第 6 期，第 112 页。

门过巷，最后在空旷地鞭打龙王，以期降雨。

唐宋时的石狗，除偶尔“给雷祖传递消息”之外，依然保持着原本的守卫职责，其摆放区域也从公共场所扩大至坟地、山坡、田地等地。形象进一步神化，与秦汉时的质朴形象有一定程度的区别，此时的石狗雕像头部类狗而身躯类狮。[1]

在雷神之外，海洋亦成为石狗形象变化的影响因素。雷州三面临海，又有徐闻良港。自唐宋以来，以中国为核心的东亚贸易圈逐渐成形，东南沿海贸易昌盛，外域商人往来不绝。自魏晋始，我国的经济中心逐渐南移，至南宋定型。江南、岭南地区成为重要的商品生产与集散地，而沿海城市，更成为中外交通枢纽。此时间内，中原文化与雷州本地文化进一步融合，石狗雕塑中呈现儒释道三家并存特点，八卦、莲花等宗教纹样出现。明清实行长期海禁政策，对外贸易由特定城市负责。在其他临海地区，则以海禁为主。石狗随即成为海防的象征，渔网等图案开始被应用到石狗雕塑中。清时，嘉禾纹样代替祥云

① 闫怀兰：《雷州石狗崇拜文化中神狗形象的延演》，《玉林师范学院学报》（哲学社会科学版），2020 年第 1 期，第 58 页。

纹出现在石狗雕塑中。石狗保境安民的责任愈重，甚至被大量安置在码头，以作镇海之用，保佑出海渔民、商船的平安，一些体积较小的石狗还被人们带到船上，做压舱石。在如此需求之下，石狗形象相比唐宋之时更为憨态可掬，对当地居民来说，形象更为亲近。

总体而言，雷州石狗的形象发展史，反映的是雷州的人们与周围自然环境的交流史。上古之时，面对密林烟瘴，雷州的人们与自己的宠物一道，开辟山林，定居置产。此时的人类在自然面前尚显无力，健壮善猎的犬类，为他们的生活增添一层保障。即使此后人类拥有更多改变自然的能力，最初被驯化的犬类，依然陪伴在主人身边，不曾弃家而去。朴实的生灵穿梭在自然的环境中，既求生路，也觅和谐。

天上常有的雷暴，人们无法解释，亦不曾拥有，那或许是和祖先一样曾经存在过的人，或许是从未见过的人。雷州的人们让自己信任的小狗替自己踏入他们无法踏入的领地，为的是解决生存的问题。第一个被刻像的小狗，一定收获过喜爱。有人想用朴素的方式留住十几年的时光。此后的石狗，更像是一只只远去的犬，它们蹲守在熟悉的地方，用不曾消散的忠诚与勇健，替现在的人、过去的人、未来的人，守护来之不易的家园。

四

水之趣

鱼

（宋）欧阳修

秋水澄清见发毛，锦鳞行处水纹摇。

岸边人影惊还去，时向绿荷深处跳。

一、金鱼的记忆有多久

上古时期，人类除了采集、游牧和农耕以外，渔猎也是原始社会非常重要的生产方式。尤其在沿河、滨海地区，渔猎是人们获取蛋白质的最佳途径。中国发掘出了大量的新石器时代贝丘遗址，这说明中国先民早在距今五千多年前就已经和水生生物打交道了。这些大量分布在中国南方的贝丘遗址，大多是先民吃了螺肉之后剩下的螺壳堆积而成的。中国广阔的疆域内分布着纵横交错的水系，这些河流、湖泊和海域为人们提供了丰富的水生生物资源。在进入文明社会之前，中国先民主要将鱼、虾、螺、贝等水生生物当作食物资源，而将它们作为宠物饲养却是到了唐宋时期才成为普遍的生活风尚。

在文明早期，鱼类不像野猪、野牛等大型动物一样具有攻击力，所以捕鱼对于先民来说是投入产出比很高的生存业态。

先民充分发挥自己的聪明才智，创造发明出鱼钩、渔网等捕鱼工具，大大提高了捕鱼效率。将苎麻一类的纤维作物以采集或种植的方式大量获取，搓捻之后编织成网。不过，渔网捕捞的前提是水面足够开阔，面对相对狭小的小河沟渠，人类发明了鱼篓——一种进口大出口小的竹编器具，轻便易携，捕鱼“神器”，七八岁孩童都可快速操作。鉴于其在河鱼获取方面的优异表现，至二十世纪九十年代，鱼篓依然是中国南方农村常用的捕鱼工具。

而在中国古人能够捕获的鱼类中，鲫鱼占到很大一部分，其中的异色变异种便是金鱼的前身。鲫鱼能从餐桌游向园林水池，佛教的发展在其中发挥着不小的作用。西汉哀帝元寿元年（公元前 2 年），西域大月氏使者伊存来朝，并向博士弟子景卢口授《浮屠经》。而后，东汉永平十年（公元 67 年），僧人迦叶摩腾与竺法兰行至洛阳，宣讲佛法，于寺中挖池养鱼，教导信徒要以慈悲为怀，体念众生。佛寺中修造放生池，便是以此事为始。[1]及至唐代，玄奘与太宗讲经，在李唐以道教为国教的大背景下，为佛教发展争取到一席之地。

赤鳞鲫鱼向金鱼进化的脚步从未停滞。客观而言，佛教影响力逐渐扩大，推动放生池数量的增加，使得具有异色鱼鳞的鲫鱼被人为选择，在生活环境方面与普通鲫鱼相区割，变异特性得以保存。同时，人们开始关注异色鲫鱼，并将其纳入人工养殖的范围。北宋初期，“金鱼”终于出现。杭州六和塔慈恩开化寺的放生池里，育有金鳞鲫鱼（金黄鳞片的鲫鱼），其鳞色有别于传统赤鳞的鲫鱼，故而引得文人墨客纷纷前来观赏。苏舜钦、苏轼等人俱留有诗文。第一条金鳞鲫鱼的出现或许是意外，其后便是宋人刻意为之了。

金鳞鲫鱼因其夺目色彩，迅速为富家商贾所注意，他们自寺中求得“金鱼”，放归到私家庭院中，饲养金鱼的风气随即在北宋权贵阶层流传开来。唐亡以后五十三年，北宋建立，偶有战事，但总体而言和平时间较长。承平日久，且自仁宗朝大量

①　殷守仁主编:《中国金鱼鉴赏与文化》，北京:中国科学技术出版社，2010年，第6页。

增加取士名额，北宋社会逐渐形成崇文之风。江南垦田数万，又引进占城稻等高产作物，兴修水利，人口增长。至北宋中期，经营商业又习文修身之家愈多，在大富之家或当世大儒的引导下，这批中层市民加入养鱼的行列当中。手有闲钱，心有小趣，兰陵笑笑生笔下的闲散子弟不过如此。他们兴修庭院、辟池养鱼，请专人喂食照料，并将其中的杂色鱼清除，以保证鲫鱼色泽纯正。金鳞鲫鱼也在此时，从“放生状态”向半家化过渡。但是，养鱼毕竟只是部分人的闲趣，异色鲫鱼在北宋时期也确实是少见之物。金鱼真正能为大众欣赏，还是要到南宋时期。此时段，金鳞鲫鱼进入家化状态，而后由人工培育成真正意义上的金鱼。养鱼，是需要闲情逸致的，恰好，宋朝人就很有时间[1]。

靖康之变，使得宋代的政治出现了转折。但是，宋人的日常生活依然丰富多彩，饲养金鱼的雅趣不曾随山河远去。高宗辗转东南，最终驻跸杭州，为表自己还存有收复之意，甚至称

① 殷守仁主编:《中国金鱼鉴赏与文化》，北京：中国科学技术出版社，2010 年，第 8—9 页。

杭州为“临安”，意为临时居住之所，南宋一朝公文中，亦将临安称为行在。但实际如何？从岳飞到辛弃疾，北复男儿的锐气与意志被时间消磨殆尽。青青丘陵，点点湖泊，高宗将东南梅雨遮在眼前，偏安一隅。

绍兴十一年（公元 1141 年），宋金达成协议，南宋对金称臣，每岁纳贡银 25 万、绢 25 万匹。同年十二月廿九，岳飞赐死风波亭。折断武穆的帅旗，高宗以秦桧为助手，开启了他长达二十年的独断之路。若问他当政期间有何可说，应当是致力于发展国内经济与海外贸易。倒不是高宗有体恤百姓之心，而是土地锐减，又失国臂掖，不得已之下才向海上寻求生机，以维持国家用度。丝路上的重要城池自结为镇，或来或往，不似当年盛景。偶有西亚、波斯商人沿丝路行至西夏、金国区域，与其贸易，但繁华程度远输汉唐。幸而自中唐以来，海上贸易渐盛，波斯商人携商品自西亚扬帆，由安南北上，行至中国继续双方贸易，随后再将中国产的丝绸、茶叶、瓷器等物品运回本土。一来一往间，交易货品、数额持续增加，唐宋官方为管理蕃商贸易，特设市舶司，自北部密州至南方广州，均据优良港口设置交易市场。南宋虽失北方领土，但在蕃汉海贸中占据主要地位的广州市舶司、泉州市舶司仍在手中，海上经济还有可图。

绍兴三十二年，高宗光荣退休，禅位于太子赵昚，随即下令修筑宫廷，赐名“德寿”，此后常居此处。或是其父赵佶影响，高宗在书法、绘画方面颇有所成。章惇当年所言不错，若是让赵佶这一脉做太平闲王，中国古代绘画与书法艺术说不定能再创高峰。执政之时，尚有朝政阻拦，退休以后，高宗便再无拘束，他于德寿宫内辟一鱼池，取名“泻碧”，内养金鱼。[①]在其去世前一年，还派人至昌化县捕捉金鱼数百，充实鱼池。在他影响下，王公贵族纷纷买鱼效仿，需求量大增。越来越多的人投入捕鱼行业，金鱼捕捞量增加，除供给私家园林外，也开始向普通人家售卖。《梦粱录》曾记载，“金鱼，有银白、玳瑁色者……今钱塘门外多畜养之，入城货卖。”[②]由该记录亦可知，南宋时期的金鱼已从最初的单一金色，发展出银白、玳瑁

① （南宋）吴自牧：《梦粱录》卷8《德寿宫》，杭州：浙江人民出版社，1984年，第64页。
② （南宋）吴自牧：《梦粱录》卷17《物产》，杭州：浙江人民出版社，1984年，第172页。

等异色。人工饲养下的金鱼，依然保持着变异趋势。

两宋时期的人养鱼仍保持汉唐以来的池养习惯，金鱼饲养的风气渐盛，带动修池造园，同为《梦粱录》记载，“豪贵府第宅舍沼池畜养之。青芝坞玉泉池中盛有大者，且水清泉涌，巨鱼游泳堪爱。”[①] 人们为金鱼大费周章，搬石卸岭、引水凿沟，但这已经不属于金鱼欣赏的范畴，金鱼只是富豪巨绅显示财力的媒介。

如前文所说，南方农业在两宋时期获得较大发展，人口增加的同时，将部分人分配到手工业生产当中，原本笼统的各项职业开始细化。“鱼儿活”便是这一时代的产物。该词汇指的是专门从事金鱼养殖业的人。他们开始对金鱼进行系统培养，精心筛选异色鱼种，分区别类，以延续其变异特质，后世花鸟志中凡记载金鱼者，皆以两宋为始。古时没有鱼粮，养鱼人普遍以红虫喂养，该虫又称“虮虾儿”。职业细化推动养殖技术发展。

---

① （南宋）吴自牧：《梦粱录》卷8《德寿宫》，杭州：浙江人民出版社，1984年，第64页。

从金鱼被发现到大量养殖，南方一直是饲养金鱼的主要活动区域。公元1275年，伯颜率三路大军攻破临安城，金鱼随着蒙古人的马蹄游向北方，随即发展出另一派系——北京金鱼。蒙古人生长于马背之上，对南方文人的娱乐活动鲜有兴趣。蒙古贵族虽然也在宫里养鱼，但并未形成两宋宫廷乃至上层的养鱼风气，此时的金鱼似乎又回到北宋以前被人随意养在池子里的日子。鱼缸里的那把饵料，还得等明清时的养鱼人放进去。

至明中叶，经过百余年发展，剧情又回到最初的那一帧，太平光景下，富豪公子抛掷着手里的白银，将金鱼装进缸里。白银是跟欧洲人、日本人做生意得来的，靠的是规模超前的江南丝织业、瓷器制造业。徐霞客能游遍中国，靠的可不单是生猛的一腔热血，还有他母亲买来的百余台织布机。以景德镇为代表的一众制瓷基地的崛起，在带来体积巨大、耐看结实的瓷缸的同时，也为金鱼带去新的住所。白壁内衬，灌以清水，金鱼曳尾其中，皆若空游无所依。这怎么不算把平面的画投进立体的鱼缸里呢？

还是那句老话，欣赏艺术，需要时间。从北宋文人游园观鱼，到中明富商俯身倚缸，和平在人们身边停留的时间，或许不足二分之一。兴亡苦痛，都在一缸鱼中。

关于明清之人为何以缸养鱼，说法有很多。要按《花镜》所说，便是“鱼近土则色不红艳”[①]，所以要用鱼缸隔绝土气。王象晋则在《群芳谱》中介绍道：“（养金鱼）土池最佳，水土相和，萍藻易于茂盛。鱼得水土气，性适生长。”[②]不过王象晋也没有反对缸养金鱼，而是觉得需要勤换水，特别是夏天。由二人的不同记载可知，明清两代在金鱼艺术方面，相较两宋，更为精致。特别是《花镜》一书，其在金鱼养殖方面，较之前人更为详细，就以鱼缸选择为例，陈淏子写到，养鱼的缸，应该是尖底大口，新缸还没蓄水时，要用生芋头擦拭一遍，注水之后便“生苔而水活。”[③]此方法便与今人养鱼之法甚为相似，在今

---

① （清）陈淏子:《花镜》附录《养鳞介法·金鱼》，北京：农业出版社，1979年，第432页。

② （明）王象晋撰，伊钦恒注:《群芳谱诠释》附录《鹤鱼谱·金鱼》，北京:农业出版社，1985年，第323页。

③ （清）陈淏子:《花镜》附录《养鳞介法·金鱼》，北京：农业出版社，1979年，第433页。

北京地区，熟于养鱼之人仍会选择隙孔较多的瓦缸作为金鱼的盛放器皿，孔洞愈多，则青苔泥土一类愈茂，金鱼就更好养活。另外，人工饲养的金鱼发展至明清时，除了银白、玳瑁，还有金盔、金鞍、锦被、印红头等十余种，根据眼部不同特征，还分为黑眼、雪眼、玛瑙眼、琥珀眼等，纵观其貌，已与今日的金鱼少有差别。

金鱼的世界越活越小，中国人的世界却愈来愈大。唐宋的楼船将遣唐使送回，他们在长安、汴京等地见到的金鳞鲫鱼，相隔百年，姗姗来迟。明清时期，日本商人求生海外，与中国保持长期贸易往来，已然盆养化的金鱼，于德川幕府时期，来到日本。与初次见到金鱼的中国人一样，颜色艳丽的金鱼迅速获得日本上层贵族的关注，他们找来养鱼人，对金鱼进行专门养殖，经过多次尝试，亦培育出琉金、地金、东锦、兰寿等本土品种。其中，兰寿被日本人称为“金鱼之王”，每年 11 月还会举办兰寿鱼品评大会，该习俗流传至今。

让我们回到开头，金鱼的记忆，到底有多久？这个问题如果用比较科学的方式回答，就要搬出 2003 年普利茅斯大学心理学院的研究成果，即金鱼的记忆，可达三个月之久。如果希望这个问题回答得浪漫一些，那么，金鱼从山野湖水中被人们捞出，经过人类筛选的一次次，那个瞬间，在它的脑海中，或许跨越千年。

吐一个泡泡吧，当它破裂的瞬间，便是沧海桑田。

二、范蠡：春秋首富养鱼记

功成身退，美人在旁，这样的故事听起来是不是很完满？我们的主人公，叫作范蠡。他给勾践做过谋士，种过田，养过鱼，以陶朱之名，与卖盐的猗顿并称春秋末期两大首富。至于他的发家史，要从一段戏文讲起。

清乾隆年间，四大徽班进京，开启京剧的辉煌时代。1907年，专攻老生戏的京剧大师周信芳以麒麟童为艺名，于上海登台，开创麒派，与马连良、唐韵笙合称"南麒北马关外唐"，可见其艺术造诣之深。麒派唱腔苍劲浑厚，世人皆称"云遮月"。而麒派最为知名的曲目，便是《未央宫》，讲的是西汉初年淮阴侯韩信的故事，其中有一句戏词写道：

谁知吴越刀兵起，越王勾践为奴隶。献出了美女叫西施，还有文种与范蠡。

描绘的便是春秋末年吴越争霸之事。

吴越之争，起于吴王余祭。周景王元年（公元前544年），余祭起兵伐越，未果，且为越人所俘。越人杀余祭，吴越遂结仇。此后，双方互相攻伐，各有进退，值此国家危亡之际，勾践以范蠡为谋士，辅佐对吴战事。勾践即位第三年，因不听范蠡劝谏，贸然出兵，被吴军困于会稽。借此，范蠡亦为勾践定下对吴三策——持满、定倾、节事。翻译过来便是：顺天道，保持力量充盈不溢；顺人道，转危机为安宁；顺地道，处事有节有理。[1]勾践吸取前次教训，在范蠡建议下，将国事交于大夫文种，与范蠡一道至吴国为质，开启全新副本——卧薪尝胆。

勾践质吴，还向夫差进献美女、宝器。此事在太史公所作《史记》中确有所载，但不见西施之名。勾践在吴，命文种往来吴越，周旋左右，使吴王放自己回越国。大夫伍子胥在拒绝文

① 《史记》卷41《越王勾践世家》，北京：中华书局，1982年，第1740页。

种献礼后，曾向夫差进言，不能答应勾践回吴的请求。但吴王不知是突感仁德，还是觉得灭越之事必成，总之忽视了伍子胥的建议。勾践回国后，便励精图治，暗谋灭吴之事。《史记》记载，“越王勾践反国，乃苦身焦思，置胆于坐，坐卧即仰胆，饮食亦尝胆也。”[①]

勾践此举，为后世文人所推崇，言及君子成事，必说卧薪尝胆。蒲松龄更据此事，写下那副传世对联：

有志者、事竟成，破釜沉舟，百二秦关终属楚；

苦心人、天不负，卧薪尝胆，三千越甲可吞吴。

公元前473年，勾践率越兵攻进吴都，吴国就此灭亡。正常剧情发展至此，就该全剧终，出字幕，但这不是小说，这是活生生的历史。平吴后不久，范蠡便向勾践辞行，逍遥而去，文种则留在勾践身边辅佐。范蠡至齐，捎书一封与文种，信里

① 《史记》卷41《越王勾践世家》，北京：中华书局，1982年，第1742页。

说“飞鸟尽，良弓藏；狡兔死，走狗烹。越王为人长颈鸟喙，可与共患难，不可共乐业，子何不去？”① 文种得此信，萌生退隐之心，不知是否为范蠡所寄信件泄露，朝中渐有文种欲图谋反的传言。勾践也据此，招来文种，对他说道：“子教寡人伐吴七术，寡人用三而败吴，其四在子，子为我从先王试之。”② 文种随即自尽。

不知文种死前，可曾听到伍子胥的哀叹。这位曾向吴王进言后被流放的忠贞之士，在听闻吴国灭亡的消息时，自刎于九江，后化为钱塘潮神，每年八月，怒吼拍堤。良臣贤王，终究可遇不可求。

从政治中解脱出来的范蠡，乘舟出海，来到齐国，改名换姓，自称“鸱夷子皮”，于海边购地耕田，父子合力治产，富至数十万。也就是在齐地，流传有范蠡作《养鱼经》的传闻。说是齐威王问政范蠡，范蠡随即向威王陈述养鱼之法。该书今已散佚，只能从北魏贾思勰所著《齐民要术》中略窥一二。

---

① 《史记》卷41《越王勾践世家》，北京：中华书局，1982年，第1746页。

② 《史记》卷41《越王勾践世家》，北京：中华书局，1982年，第1747页。

范蠡对威王道：养鲤鱼，要将六亩田地挖为池塘，用九座小洲将鲤鱼区割开来，注水八尺。投鱼时间亦有讲究，为每年二月上庚日。数日后，鲤鱼必生。① 虽然《齐民要术》将《养鱼经》粗略记载，但据后世学者考证，《养鱼经》实为两汉养鱼人假托范蠡之名所作。② 齐威王于公元前 357 年继位，范蠡辞官时是公元 468 年，二人相隔超百年，威王若想问经范蠡，恐怕要借用周公之力。不过，该文献至少证明，我国古人在两汉时期，已经掌握一定的鲤鱼饲养技术。

范蠡是否依靠养殖鲤鱼发家致富，而今已无从考证，但从范蠡的事迹中，今人仍可探得两千余年以前那场经济变革。提及先秦历史，人们总要说到铁犁牛耕，仿佛用上铁与牛，眼前风貌瞬息而变，古人乘上铁犁，以黄牛为动力，便飞离了那个刀耕火种的时代。实际上，铁犁的作用在于深耕土地，且铁犁更为坚固，在垦地方面更显其长。而畜力的加入，使得人不再

---

① （北魏）贾思勰:《齐民要术》卷 6《养鱼第六十一》，北京：中华书局，1956 年，第 94 页。

② 游修龄:《池塘养鱼的最早记载和〈范蠡养鱼经〉问世时间问题》,《动物学杂志》,2004 年第 3 期。

受限于个人体力，配合铁犁，即可拥有更多可供耕种的农田。其次，春秋以来，水利工程事业逐渐为人们所重视，郑国渠、都江堰就是其中代表。同时，肥料的加入，使得农业产量持续上升。综合而言，是铁犁牛耕创造出扩大生产规模的可能，辅以农业技术发展，才带来先秦时期中国经济的第一次勃兴，该趋势发展至两汉，塑造出我国经济史上的第一个高峰。

粮食增产，使得一部分人不必困于农桑之中，得有空闲思考一些关于人生、关于治国的事情，随之而来的，便是历史教科书上著名的“诸子百家”。德国学者雅思贝尔斯在其著作《历史的起源与目标》中提出过“轴心时代”这一概念。[①] 说的便是从公元前 6 世纪起在全球范围内出现的思想大潮，在这一时期西方有以柏拉图为代表的一批哲学家，南亚则有释迦牟尼等宗教人物，而中国孕育了孔墨老庄等对后世产生深远影响的思想大家。而在治学之外，还有一批人投入到商业贸易中，也就是前文提到的范蠡等人。与他同时期的，还有寡妇巴青。这批人

① ［德］雅思贝尔斯:《历史的起源与目标》第 1 章《轴心期》，北京:华夏出版社，1989 年，第 6 页。

利用交通之便、供需之差，在先秦时创造出商业神话。用现代一些的术语来说，就是农产品商业化。鲤鱼自然是其中之一。

鲤鱼生长速度快，繁殖能力强，分布范围广大，自然成为我国古代鱼类养殖的首选。先秦时期养鲤鱼，大多以食用为主。鲤鱼味美，深得贵族大臣喜爱，王侯宴请，必有鲤鱼。因此，鲤鱼也可做礼物互送。孔子的长子出生时，鲁昭公曾派人送来鲤鱼，以作庆贺，因此，孔子也为自己的长子取名为鲤。[①] 孔子行如此，应当是取鲤鱼生命力顽强之意，希望子孙平安健康。

除食用外，鲤鱼也常作观赏之用。鲤鱼赤尾灰鳞，更有红鲤、锦鲤等变种，在金鱼还未出现之前，是园林造景中主要使用的鱼类。《西京杂记》曾记载，汉武帝在昆明池内做豫章大船，又于湖中养鱼游戏。[②] 东汉人习郁居住在岘山时，依据《养鱼经》中所载鲤鱼养殖法，建造池塘，并以竹子、芙蓉等水生植物作为装饰，造景养鱼。

鲤鱼的存在不仅为贵族游园增添乐趣，亦为寻常百姓带来

① 《史记》卷 47《孔子世家》，北京：中华书局，1982 年，第 1946 页。

② （汉）刘歆撰，葛洪辑 :《西京杂记》卷 1，北京：中华书局，2021 年，第 3 页。

额外的食物与收入来源。早在西汉时，百姓便利用陂塘养鱼。所谓陂塘，指的是尤为狭窄的池塘，常建在稻田边。1964 年，陕西汉中曾出土过两个陶土水田模型。其中便有塘库农田，在田中还有青蛙、鲤鱼等水生动物造像，极富趣味。

自西汉至南北朝，百姓一直遵循前人总结方法饲养鲤鱼，但情况到唐代，发生了变化。李唐建国，因“鲤”与“李”同音，于是将鲤鱼作为国鱼，并禁止天下人采捕鲤鱼。还要求世人称鲤鱼为“赤鲟公”。若是捕鱼时偶然捕到，也要尽快放回水中，售卖鲤鱼者，要打六十大板。[①]

鲤鱼受到人们特殊对待的同时，其形象也悄然进入到唐代官员文化当中。唐朝官员若想进入宫城，必须佩戴鱼符，该器物便是依照鲤鱼形象制作。鱼符分两种，一种是调兵鱼符，另一种则是官员随身佩戴的入宫鱼符。与虎符一样，鱼符亦分为两部分，左符放于内廷，作为“底根”，而右符由官员随身佩戴，鱼符内有“同”字，两半相合，可做凭证。安放鱼符的布

① 参见高莉莉、惠富平:《中国古代鲤鱼历史文化探析》,《农业考古》, 2020 年第 1 期。

袋亦称“鱼袋”。官员有等级之分，鱼符自然也有。四品以上者，着紫衣，配金鱼袋，此种装扮可简称为“金紫”；六品以上者，着红衣，配银鱼袋，相对应地，称为“银绯”；六品以下者，着青衣，无鱼袋。由此亦可知，在中国古代，若非皇帝特诏，官员需六品以上才得面圣。此官服制度，到宋代产生了一些变化，若得特许，或年事甚高，为国效劳日久，不及四品者亦可着紫配金，算是赵宋皇室给予官员的福利之一。

李唐既灭，赵宋草创。鲤鱼之禁遂解，食鲤观鲤之风再起。要知道，赵宋文人及百姓在享受生活、艺术创作方面，是“名列前茅”的存在，鲤鱼自然不会被他们落下。宋人罗愿曾在其书《尔雅翼》中说道：“兖州人谓赤鲤为赤骥，青鲤为青马，黑鲤为黑驹，白鲤为白骐，黄鲤为骓，皆取马之名，以其灵仙所乘，能飞越江湖故也。”[①] 能将鲤鱼联想为仙人坐骑，应当与宋人崇尚道教之风有关。另外，能为不同颜色的鲤鱼命名，也侧面说明，宋人将鲤鱼纳入养宠欣赏的范围。与金鱼一样，鲤鱼在

① （南宋）罗愿：《尔雅翼》卷 28，长春：吉林出版社，2005 年，第 481 页。

宋代亦为人们大规模养殖，所求之事与金鱼相类似。岳飞后人岳珂在《桯史》中提到，“今中都有豢鱼者，能变鱼以金色，鲫为上，鲤次之。贵游多凿石为池，寘之檐牖间，以供玩。”[①]

将鲤鱼与仙人坐骑联系起来的同时，鲤鱼跃过龙门便化身为龙的传说也在民间流传开来。《太平广记》曾引《三秦记》中记录的一则故事，河东地区有龙门山，黄河从山中流过，两岸遂不通车马。每年春末便有黄鲤鱼自各处水域游来此地，争相跃起，企图飞越龙门。得跃龙门者，身后遂起云雨，少顷，有天火降，烧其尾，火灭之后，鱼化为龙。但每年得过龙门者，不过七十二尾。[②]万鱼争越，良骥塞途，如此情景让人不觉想到科举取士，于是，在唐宋时期，鲤鱼跃龙门也成为科举中第的象征。自隋文立科举以来，多少文人断肠于此，功名苦累，又叫多少人变成范进，甚至孔乙己。鱼跃龙门固然可喜，但背后辛酸，只与明月知。

说到取士，还有一则传闻。二十四孝中有魏晋“王祥卧冰

---

① （南宋）岳珂:《桯史》卷 1《金鲫鱼》，北京：中华书局，1981 年，第 143 页。

② （北宋）李昉:《太平广记》卷 466《三秦记》，北京:中华书局，1961 年，第 3839 页。

求鲤”一则，说是后母苛待于他，其人却极为孝顺。后母生病，想吃鲤鱼，王祥便于冬日解衣卧于坚冰之上，以体温融化湖冰，为后母求得鲤鱼。后人皆感慨其人至孝，后来其被举为孝廉。

举孝廉是两汉从民间取士的主要手段，从名字亦能看出，这一取士方式的主要标准便是“孝道”与“德行”。

不过，说到传闻中的冬捕这一活动，今日依然在东北地区存在。凿冰撒网，热火朝天，一年收成，便在此时。鲤鱼下锅，炉火滚烫，劳动人民有独属于自己的节庆方式。

年画上的娃娃抱着金红鲤鱼——那个关于致富安家的梦想，坐在鲤鱼背上，从战国游到今天。陆上烽烟洗尽，水中清净依然，古人将美好的愿望寄托在鲤鱼的赤鳞之中，今人见之，便是得之。

三、一口井，一只龟

迈出部落的人们，穿过密林，来到湖边。那平静清澈的湖面下，暗藏着他们看不见的力量，人如果贸然下水，体力耗尽，便再也回不来。但先民对这个世界是好奇的，从直立行走到钻木取火，他们看见并理解这个世界的时间太短了。先民看见鸟会飞，看见鱼会游，看见野兽在平原上奔跑，他们尝试着学习，但人的身体总体而言还是太脆弱了。

人为什么会生病啊？坐在火堆边的古人想过这个问题无数遍。在他们的世界里，祭司告诉他们，世上有神明，世上有恶鬼，世上还有精怪，但我们看不到。在某个不经意的瞬间，这些看不见的人便会把身边的人抓上天，可能是一阵风，可能是一场雨，也可能，只是一次睡眠。所以，去到天上的人，还会希望我们做什么吗？面对部众一次次的询问，祭祀将目光投向了一旁的龟甲。

那是部众从河边、湖边捡来的东西，肉吃完了，但壳很硬，石刀可以在上面留下印记。祭司将刻好图案的龟甲丢进火中炙烤，取出来时，坚硬的龟甲裂开不少缝隙，像是天神给予的回应。

乌龟与人的故事，开始于神话。乌龟性情温和，常年居于水中，其自然寿命很长。早期人类的平均寿命不过三十岁，人类很容易对乌龟产生长寿的印象，进而将其神话，且龟背坚硬牢固，四肢短小却十分敦实，能将巨大的龟壳撑起。因此，乌龟也逐渐成为力量的代名词。《淮南子》中载有女娲补天之事。水神共工与火神祝融相争，怒而撞断天柱不周山，致使天倾西北、地陷东南，大火蔓延而不能熄灭，洪水汹涌而不能止息，天空也裂开数条缝隙，民不聊生。女娲为弥补共工之祸，“于是炼五色石以补天，断鳌足以立四极。”[①] 龟足能将天空撑起，可见在早期神话中，古人已认为乌龟具备非凡神力。而后大禹治水，

① 刘文典撰:《淮南鸿烈集解》，北京：中华书局，2013 年，第 248—249 页。

天帝命乌龟负书而出，此书便是洪范。

“洪，大也。范，法也。”[①] 所谓洪范，说的便是治理家国天下的大法。天帝赐予大禹河图洛书，不仅提升了乌龟在大众认知中的地位，更为“家天下”打下基础。有夏之前，天下为公，有圣人尧舜禹三代，早期先民在三人带领下，脱离莽荒，同耕共享，属于氏族公社时期。在此时期，氏族首领以禅位方式传继，即由首领评判指定，或者采取部众共推的方式，让品德高尚、能力出众之人担任下一任首领。任人以德，尧舜时期为孔子大力推崇，后世儒生在其影响下，亦将尧舜禹三代作为治世模板。致君尧舜上，再使风俗淳，这一个理想，激励着一代代儒生。

大禹之后，其子启建立夏朝，任人以德的传统被打破，血缘成为王位传承的首要准则。祖先的力量与形象，越发为人们所重视，进一步地，求卜问神，在人们日常生活中越发重要。神话传说铸就乌龟在人们心中的超凡地位，后来人更在龟背上

① 张燕婴译注：《尚书·周书·洪范》，北京：中华书局，2012年，第125页。

悟出宇宙奥妙，认为乌龟是微缩的宇宙模型。刘向所著《说苑》中有载，“灵龟文五色，似玉似金，背阴向阳，上隆象天，下平法地……文著象二十八宿，蛇头龙翅……知存亡吉凶之变。”[①]

在玄学观念影响下，夏商周三代，均有以龟甲问卜的行为，尤以殷商为甚。

夏桀暴虐，商人率领商人兴兵伐夏，两方战于鸣条，夏桀不敌，为商军所俘。商汤将其流放至亭山，随后建都于亳，此后历经八代十二王，共 273 年，至纣乃亡。从目前出土的十万多片甲骨来看，商王问卜之事，上至征伐、祭祀、农收等国家政事，下至天气、生子、生病等日常事务，可谓无所不包。商人重鬼神，上帝与祖先是商王经常问卜的对象。其实从各类占卜记录来看，此时的先民仍处于对世界的探索阶段，对未知之事充满担忧。此种迷茫到姬周时代依然存在。周公旦对商朝遗留下的各种制度与文化进行过改革，唯独占卜一项被保留下来。周人占卜的频率如何，学界并无定论，但因为占卜对龟甲的需

① （西汉）刘向撰，向宗鲁校正:《说苑校证·辩物》，北京:中华书局，1987 年，第 456—457 页。

求，周朝在诸多官职中，为寻找、进贡龟甲的人留下了位置。《周礼·天官冢宰·鳖人》记载，有官职“鳖人”，掌管捕取有甲壳的动物，按季节叉取鱼鳖龟蛤等，春季进献鳖蛤，秋季进献鱼龟。[①]

鳖人将龟甲运进宫廷之后，便有专人对龟甲进行分类，该类人群被称为“龟人”。周人依据不同特征将乌龟分为六类。行走时仰头的，定为天龟，以灵属相称；低头行走的，定为地龟，称为绎属。其后又依不同龟甲行状分东西南北四龟，各名果、雷、猎、若。龟甲分类归库后，每到春正月，便要用牲畜血涂抹龟壳，以祭祀卜筮的发明者，碰到祭祀要用龟甲时，龟人便要手捧龟甲前往。[②] 如此严谨的分门别类，确实符合周人行事作风。除却礼崩乐坏的东周不谈，仅就西周而言，明确等级，有秩有序，是周人的第一准则。他们的行为在今人看来或许十分烦琐，但这一套程序，是周公深感夏商之失而总结出来的治世新法。

① 杨天宇撰:《周礼译注·天官冢宰·鳖人》，上海:上海古籍出版社，2004年，第66页。
② 杨天宇撰:《周礼译注·春官·鳖人》，上海:上海古籍出版社，2004年，第354页。

以龟占卜，在殷商及西周时，是王室专属，且占卜权在君王手中，违者要受重罚。但时间进入春秋时期，诸侯并起，逐鹿中原，楚国朝见周天子时，敢问九鼎之轻重，虽然王孙满回答，“周德虽衰，天命不改。鼎之轻重，未可问也。”[①] 但周王室的衰落已是不争的事实。天子势弱，王室对龟甲的垄断随之放松，只在龟甲尺寸上略作要求。天子用甲一尺二寸，诸侯八寸，大夫六寸，士民四寸。这一套规定，是周王室在走向灭亡前保有的最后一丝体面。从岐山飞出的凤凰，消失于天际，接下来是赤蛇的天下。

《史记》有载：“龟千岁乃满尺二寸。”[②] 千岁之物，必是珍宝；神龟通灵，千岁之龟，想来应当更加灵验。西汉时的皇帝仍然保持着占卜的习惯，只是次数不似商周那般多，唯有大军出征时，会将龟甲呈列堂上，以作占卜。或许是这种方法真的灵验，乌龟的地位在汉代不降反升，西汉宗庙内辟有专门安放

---

① 郭丹、程小青、李彬源译注:《左传》中册《宣公三年》，北京:中华书局，2012 年，第 744 页。

② 《史记》卷 128《龟策列传》，北京：中华书局，1959 年，第 3227 页。

龟甲的龟室，汉人亦将其视为珍宝。[①]皇帝出行时，要竖龙、凤凰、神龟、麒麟四旗，此四物也被称为四灵。《礼记》有言，所谓四灵，即麟、凤、龟、龙四种，鳞类以龙为首，鸟类以凤凰为长，兽类以麒麟为尊，介类则以乌龟为主。[②]后世玄学研究者更在此基础上衍生出青龙、朱雀、玄武、白虎四大神兽。

前文提到，周代有专人求龟于野，汉代虽没有这类设置，但朝廷占卜需求与乌龟传说区域逐渐扩大化，致使民间有意识将乌龟圈养起来，换取钱财。司马迁行至江南，就看见过江畔人家蓄养乌龟，做饮食之用。因为乌龟长寿的特性，民众随即认为食龟肉能辅气益寿，有助于延缓衰老。[③]又因为乌龟身上花纹不同，民间便流传出“八名龟”的说法，有北斗龟、南辰龟、五星龟、日月龟等，从命名方式来看，还是遵循乌龟为宇宙模型的理念，用龟纹对应星辰。

先秦两汉的玄学思想，为乌龟的壳蒙上一层迷雾，直至唐

---

① 《史记》卷 128《龟策列传》，北京：中华书局，1959 年，第 3227 页。

② （西汉）戴胜注，王文锦译：《礼记译解》，北京：中华书局，2001 年，第 302 页。

③ 《史记》卷 128《龟策列传》，北京：中华书局，1959 年，第 3225 页。

宋，方被市井风气吹开。其实到唐代，乌龟身上仍有玄学的影子，比如人们依然相信它代表着长寿，拥有长寿带来的智慧，再比如人们也相信乌龟是玄武的化身，代表北方真武大帝。

而在武则天当政时期，因武姓与北方玄武相合，乌龟随即成为武则天皇帝宣示权力的工具。前文提到过，李唐将鲤鱼作为国鱼，并以此制作鱼符。武则天建立周朝，便要显示武周与李唐的区别，于天授二年，下令将入宫鱼符换成龟符。[1] 以龟代鱼，便是以武代李。

久视元年（公元700年），武则天再次下令，为龟符分品，三品以上配金龟，四品配银龟，五品配铜龟。此举无甚可说，与李唐鱼袋一样，用以区分官员品级。有趣的是，因武则天皇帝赐三品以上金龟，于是“金龟”开始成为高级官员的象征。能配金龟者，成为大户联姻的首选，也由此衍生出“金龟婿”这一概念，沿用至今。

龟类养殖在宋代以前多为饮食之用，占卜的迷雾散去，水

---

① 《旧唐书》卷45《服舆志》，北京：中华书局，2000年，第1329页。

里的乌龟在宋代手艺人的指引下，慢慢爬向了市集。宋人在玩乐方面的“建树”远超前代，甚至发展出独具特色的市民文化。这得益于两点，一是两宋经济的迅速发展，二是宵禁制度的取消。农田数量增多，优良品种引进，使得农产品产量大幅上升，在满足基础需求后，富余产品将被投放到市场中售卖。在粮食能够养活农业劳动力时，多出来的劳动力便会进入到手工业中，从事范围更加广阔的商业贸易。交通便利处，常为商人聚集，久之，便形成集市。小手工业者散布于大商业区周围，逐渐打破居住区与商业区之间的壁垒。延续千年的宵禁制度，随之取消。人们迎来的，是热闹喧嚣的夜晚。

孟元老所著《西湖老人繁盛录》中有记载，上元日，在十三军校场、贡院等区域的开阔处，有杂耍艺人摆摊，他们能“教鱼跳刀门，乌龟踢弄，金翅覆射，老鸦下棋”。[①] 乌龟在此时已爬出庙堂，来到百姓之中。乌龟甚至一改闲散的性子，为人们表演水禽戏。南宋临安城有此表演，在大斛中蓄水放龟，表

---

① （北宋）孟元老:《西湖老人繁胜录》，北京：中国商业出版社，1982 年，第 12 页。

演者手持铜锣，一边击锣一边呼唤乌龟的名字，乌龟便会浮到水面。表演者早早为其戴好面具，此时乌龟便会随着锣声起舞。[①]

至此，乌龟身上的神秘色彩开始褪去，从神庙游进寻常人家。此前专门从事金鱼养殖的“鱼儿活”认识到乌龟的价值，便将乌龟也纳入人工养殖的行列，与金鱼一道售卖，金钱龟、玳瑁等，在街上便可购得。[②]陆游在去四川的旅游途中，经过安徽王敦城，也曾见当地人贩龟。[③]只是品种不太一样，这是一种背上长绿毛的乌龟。

绿毛龟背上的毛，其实是一种丝状水藻。明清时期的人养龟，多养绿毛龟。同时，绿毛龟可以用盆进行养殖，较为方便。[④]盆养乌龟的原因，大抵与盆养金鱼相同，是制瓷业和乌龟养殖技术进步的结果。但碍于认知有限，民间还是流传着“绿

① （南宋）周密:《癸辛杂识·后集·故都戏事》，北京：中华书局，1988年，第82页。

② （宋）孟元老:《西湖老人繁胜录》，北京：中国商业出版社，1982年，第5页。

③ （南宋）陆游:《入蜀记》卷3，北京：中华书局，2012年，第23页。

④ （清）陈淏子:《花镜》附录《养鳞介法·绿毛龟》，北京:中国农业出版社，1979年，第435页。

毛龟中没有雄性，繁衍要借助蛇类力量”的传闻。[①] 此间谬误，流传百年。不过，总体而言，至明清时期，乌龟已成为一种家常宠物，为人们所饲养。

① （清）陈淏子:《花镜》附录《养鳞介法·绿毛龟》，北京:中国农业出版社，1979 年，第 435 页。

四、听听大海的声音

江河汇海，壮阔波澜。

在人类的历史上，对内陆的开发，与对海洋的探索双线并行。早在7000年前，居住在浙江余姚的河姆渡先民，便用整块的木头加工成木桨，驾着小舟，缘岸而行。面对未知的世界，人类用勇气战胜波涛，用智慧驾驭风浪。华夏民族虽以传统农业为主要生产方式，但与海洋的互动，从未停止。

海边的土地相对贫瘠，水稻、小麦等传统作物难以普及，从海中打捞上来的鱼虾贝类便成为临海居民的日常食物。而贝、蚌、龟壳一类剩余物品，因其色彩美丽，质地坚硬，常被人们作为饰品打孔佩戴。居住在海边的人缺少农作物，同样深居内陆的人对贝壳也认知寥寥。不同部落间互通有无，不易损坏的贝壳，便成为远古先民的一般等价物，即货币。这类货币被称为贝币。司马迁在《史记·平准书》中写道，“农工商交易之路通，而龟贝金钱刀布之币兴焉，所从来久远矣，自高辛氏之前尚矣。”[①] 也就是说，华夏先民在上古高辛氏领导之前，便将贝壳作为钱币使用。

贝壳因其在内陆相对稀少而成为一般等价物，产量更少的龟壳，则为中原贵族所重视，其中最为著名的，便是玳瑁。

玳瑁，又称玳瑁龟，是海龟的一种，主要分布于太平洋、大西洋的热带海域，以珊瑚或海绵为食，常活动于沿海红树林中。玳瑁龟嘴部呈现鸟喙状，而背部共有鳞片十三块，故而民间也有“鹰嘴龟”“十三鳞”的称呼。玳瑁壳斑纹独特，质地温润，常作为饰品原材料使用，又因其产量稀少，历来为富豪权贵所推崇，亦是古代南海诸国的朝贡首选。

古人言及天下，常说九州四海。这是华夏先民对世界的最初认识。大禹治水后，将天下划分为冀、兖、青、徐、扬、荆、

① 《史记》卷30《平准书》，北京：中华书局，1959年，第1442页。

豫、梁、雍，共九州。[1]贝币、龟壳的互通，为先民的探索提供方向。久居中原的人们意识到，九州之外，还有亟待探索的世界。他们沿着贝壳传播的足迹一路东行，抵达大海之滨。至商代中期，商王朝在东方的势力扩张达到最高峰，而其在东北部的势力也延伸至渤海南岸腹地。[2]商朝先民在此群聚生存，形成大量的盐业聚落群。与此同时，商人的脚步还在向南迈进，开始与南海诸国进行接触。《逸周书·王会解》记载，“正南瓯、邓、桂国……请以珠玑、瑇瑁……为献。”[3]陆地被山河区割划分，生活在其中的人们因一次次易物交往而彼此熟识。玳瑁的出现，将华夏先民的目光引向远方。

商周之后，群雄逐鹿，彼此征伐四百余年，直至秦军东出函谷，公元前221年，天下归一。面对前所未有的广阔疆土，秦始皇在全国范围内推行郡县制度，一改西周以来的分封习气，以国家官员代替王室贵族管理地方，上下一体，令行禁止。同

① 王先谦撰，何晋点校：《尚书孔传参正》卷6《禹贡第一 夏书》，北京：中华书局，2011年，第244—304页。

② 刘青：《先秦时期的海洋观》，山东师范大学硕士学位论文，2017年。

③ 黄怀信：《逸周书校补注译·王会解》，西安：三秦出版社，2006年，第333页。

年，秦军的兵锋指向岭南。秦始皇命大将屠睢率五十万大军分五路南下，因粮草运输困难，大军困于五岭隘道不得进，于是，秦始皇命监御史禄掌管军需供应，并召集民夫、士兵，在湘江与漓江之间开凿人工运河，五年后，运河建成。粮草问题得到解决后，秦军挥师南征，岭南始平。

这条决定岭南战局的运河，便是与都江堰、郑国渠并称“秦国三大水利工程”的灵渠，至今仍是广西重要的航运通道。岭南平定后，秦始皇随即在此设置桂林、象郡、南海三郡，与内陆同。到汉武帝时期，中央在原有的三郡基础上，将南海划分为九郡，即南海、郁林、苍梧、合浦、儋耳、珠崖、交趾、九真、日南。与秦朝短暂的十四年统治不同，自武帝之后，汉九郡长期为汉廷管辖，商路和平稳定，地方与中央的往来也更加频繁。玳瑁再次回归到大众的视野中。

玳瑁在汉代人手中，多半用来做发钗，取其华丽之意。玳瑁做钗并不是汉朝人的独创，早在春秋战国时，中原贵族便会以玳瑁钗为饰。《史记·春申君列传》记载，赵国平原君遣使楚国，赵使为夸耀赵国富强，便头戴玳瑁钗，佩戴用珠玉装饰的刀剑面见春申君。[1]而随着南海与内陆交往的日益密切，玳瑁从贵族专属，渐渐向小富之家推广。乐府名篇《孔雀东南飞》在描写女主刘氏时便写道：

足下蹑丝履，头上玳瑁光。腰若流纨素，耳著明月珰。

南海九郡承担着为国家输送海洋物产的任务，也因为所呈物品大多珍贵，武帝推行《酎金律》时便允许南海地区用玳瑁代替黄金进贡。

前文提到，玳瑁龟以珊瑚为食。若说玳瑁开拓了华夏民族对于南海的认知，那么珊瑚便满足了人们对西方世界的遐想。《后汉书·西域传》记载，“大秦……土多金银奇宝，有夜光璧、明月珠、骇鸡犀、珊瑚……凡外国诸珍皆出焉。”[2]此处所说大秦，乃是汉时，中原人对于罗马的称呼。张骞出使西域，最远到达罗马与北非。虽然联络大月氏共击匈奴的设想并未实现，

① 《史记》卷78《春申君列传》，北京：中华书局，1959年，第2395页。

② 《后汉书》卷88《西域传·大秦》，北京：中华书局，2000年，第1974页。

但此举却开辟了中国历史上重要的西行路线——丝绸之路。此后千年，这条道路都是中原与西域交往交流的主要通道。

珊瑚本由珊瑚虫堆积形成，但其颜色或红或白，光泽非常，于是从众多海洋物产中脱颖而出，成为东西方喜爱的珍宝。不仅中国人将其视作极佳的装饰物，罗马人亦将其作为海洋护身符。在罗马人的观念中，珊瑚能够护佑平安，抵御风浪，让出海的人们平安归来。[①]穿过高原、戈壁，珊瑚与香料一道，联动东西，在漫漫黄沙中，让文明激荡碰撞。

除路上运输而来的珊瑚外，处于热带的南海地区，也是珊瑚的主要输出地。两晋南北朝时期，南海郡县仍保持向朝廷进献海产的习惯。珊瑚、玳瑁等海产进入具有一定规模的人工开采阶段。晋代便有专人前往东沙群岛开采珊瑚，供给朝廷。[②]由于朝廷的垄断，此时的珊瑚主要在大族间流通，民众很难见到。珊瑚也在晋代成为豪族斗富的工具。

---

① 马艳:《浅谈红珊瑚的历史与文化》,《艺术科技》，2017年第3期。

② 赵全鹏:《中国古代社会对珊瑚的消费及南海珊瑚开采》,《南海学刊》，2016年第1期。

西晋武帝时，有一位富豪名叫石崇，其人极为富有。武帝的舅舅王恺常与他争富，武帝为帮助王恺，暗中赐他一株高约二尺的珊瑚。石崇见到这株珊瑚非但没有羡慕，反而用铁如意将它打碎，并说：“不足恨，今还卿。”随即命人取来三尺高、四尺高的珊瑚数株，供王恺挑选。[①]

石崇毫无顾忌地炫富最终也为自己招来祸端，落得家破人亡的下场。人们对于海洋珍宝的追求却不因西晋之后的百年动乱而消亡。

公元 618 年，唐朝建立。唐人以开放包容的胸怀接纳每一个来到大唐的宾客，百年未有的和平，使得向海洋进发的梦想随着海风飞翔。以长安、洛阳为中心，张国臂掖，西通中亚，南及南海，一个以唐朝为中心的东亚贸易圈初具雏形。自西亚浮海而来的波斯商人，带来属于异域的声音，他们自阿拉伯半岛出发，经印度西南端中转，再向东航行至东南亚，在此进行补给与香料贸易。部分人就此止住，期待下一次航行，而另一

① （南朝宋）刘义庆：《世说新语 · 汰侈》，北京：中华书局，2011 年，第 889 页。

部分人则就此满载海产，登上开往大唐的航船。

这些商人大多在广州落脚，久之，在广州滨海港口附近便形成外国商人聚集区，史称“蕃坊”。坊内有公举的蕃长，负责管理坊内日常事务。在官方规定的市场内，外来商人可将所携货物售出，亦可从中国商人手中购得特产。跨越两大洋贸易航路的形成，使得沿线国家商人纷纷加入到与大唐的贸易当中。阿拉伯商人苏莱曼在其书《中国印度见闻录》中记载，阿拉伯商人行至印度马拉巴尔海岸后，还会向锡兰（今斯里兰卡）行进，至马来半岛卡拉赫地区，穿过马六甲海峡，北上柬埔寨、越南。[①] 正是这些太平洋岛国的加入，使得玳瑁、珊瑚等海产大量进入中国。史书中对于玳瑁器具的记载，也随之丰富，玳瑁床、玳瑁梁、玳瑁帘、玳瑁钩等装饰品层出不穷。唐人在前代的基础上，将玳瑁更加广泛地应用到生活当中。人们对于玳瑁这一生物的了解，也比前人更为丰富，《南方异物志》记载：

① 穆根来等:《中国印度见闻录》，北京：中华书局，1983 年，第 1—10 页。

玳瑁如龟，生南海，大者如蘧蒢，背上有鳞，大如扇……欲以作器，则煮之，刀截，任意所为。冷，乃以枭鱼皮籍治之。后以枯木条叶莹之，乃有光辉。①

唐代著名志怪小说集《酉阳杂俎》中，对玳瑁的习性有另外描述：

虫不再交者，虎、鸳鸯与玳瑁也。②

在唐人的概念里，玳瑁是和老虎、鸳鸯一样，对伴侣极为忠贞的动物。

不过，即使玳瑁的输入量大幅增加，但玳瑁依然是名贵之物的代名词。太宗李世民曾用“玳瑁筵”形容自己在宫中举办的宴席，以表达宴席的奢华珍贵。宋代官员亦将玳瑁应用到进

① （北宋）李昉：《太平御览》卷 807《珍宝六 · 玳瑁》，北京：中华书局，2000 年，第 3587 页。

② （唐）段成式：《酉阳杂俎》卷 17《广动植之二 · 鳞介》，北京：中华书局，2017 年，第 666 页。

贤冠中，“涂金银花，额犀玳瑁簪”，以突出身份尊贵。[①] 宋朝妇女亦广泛使用玳瑁梳，“侈靡之风盛行……梳不特白角又易以象牙、玳瑁矣。”[②] 世人对于名贵器物的追捧，致使举国上下奢靡之风盛行，宋廷不得不下禁令，才能短暂抑制此风。

至于玳瑁的食物——珊瑚，海上贸易的盛行与外国商人的大量涌入，为唐宋两代的民众打开新视野。他们对于这种宝物的生长环境与采摘过程也具有更多了解。宋人赵汝适在其作品《诸蕃志》中有载：

（珊瑚）生于海之至深处，初生色白，渐渐长苗拆甲，历一岁许，色间变黄，支格交错，高极三四尺……土人以丝绳系五爪铁猫儿，用乌铅为坠，抛掷海中，发其根，以索系于舟上，绞车搭起。[③]

① 《宋史》卷 152《舆服志》，北京：中华书局，1985 年，第 3550 页。

② （南宋）王楙:《燕翼诒谋录》卷 4，北京：中华书局，1981 年，第 35 页。

③ （南宋）赵汝适:《诸蕃志》卷下《珊瑚》，北京：中华书局，1996 年，第 200 页。

玳瑁、珊瑚贸易与商路相伴而生，国内需求甚大，加之中外往来日繁，中国商人不再满足于沿海定期贸易，而是驾驶帆船，扬帆西行。在诸多海路中，“广州通海夷道”是唐宋商人的首选。贾耽在《皇华四达记》中记载，商人从广州出发，沿海南下，经南中国至马六甲海峡，进入印度洋地区，在季风作用下，到达波斯湾及非洲东部沿海地区。[①]唐宋商人的远航，有赖于当时已经较为成熟的造船技术与航海技术。以宋代为例，宋朝时的造船业以广州、泉州、明州为代表，其造船技术在当时世界上居于领先地位。当时所造船只，载重量一般有数百石至五千石，最大载量可至万石，还配备了水密隔舱以及指南针。宋代车船制造不但数量多，而且质量高，船体巍峨高大，结构坚固合理，行船工具更趋完善，装饰更为华美，特别是开始使用指南针进行导航，开辟了航海史的新时期，北宋后期，指南针已广泛应用于航海，还出现了记载海路的专书——《针经》。

1972年，中英联合打捞“莱茵堡”号沉船时意外发现埋藏

① 张星烺编，朱杰勤校:《中西交通史料汇编》，第三编《中国古代与阿拉伯之交通》第二章，北京：中华书局，2003年，第712—713页。

在海底800年的古沉船——南海一号。这是一艘三帆福船，是我国目前发现的体积最大、保存最完整的宋代木质沉船，该船长41.8米、宽11米，设计水线长32.3米，船身（不算桅杆）高约4米，排水量估计可达828吨，载重近425吨。从它的身上，我们仍可以窥见宋代造船技术的发达。

回到陆上。由于时局的动荡，明清两代的海洋贸易时断时续，隆庆开关与乾隆朝“一口通商”之间，相隔百年。康熙二十三年（公元1684年），朝廷为振兴因迁海而长期凋敝的对外贸易，决定开海通商，次年设立四大海关，负责海外贸易。乾隆二十三年（公元1758年），清廷正式颁布“一口通商”条令，而“一口”指的便是广州。人们耳熟能详的“广州十三行”自此进入繁盛期。在广州十三行对外销售的诸多货物中，玳瑁折扇是当时欧洲商人最为喜爱的商品之一。折扇匠人利用玳瑁色彩鲜明、质地温润的特点，将其融入传统折扇中，该产品迅速受到欧洲贵族妇女的喜爱。宴会、舞会、婚礼等社交场所，均能见到十三行外销折扇的身影。雕刻工人还将中国传统故事以雕刻的形式呈现在折扇中。

一把小小的折扇，成为瓷器之外的另一东西文化交流载体。

玳瑁、珊瑚等海产被华夏民族逐渐认识并推广的历史，也是华夏民族勇于开拓的航海史。在波涛激荡间，中国先民留下自己的足迹。中华民族的故事，不仅镌刻在土地里，也书写在海洋中。

五

大漠翼展

鹰

（唐）徐夤

害物伤生性岂驯，且宜笼罩待知人。

惟擒燕雀啖腥血，却笑鸾皇啄翠筠。

狡兔穴多非尔识，鸣鸠脰短罚君身。

豪门不读诗书者，走马平原放玩频。

一、有一种鸟是关不住的

飞鸟的故事，从自由说起。

当人类第一次见到仙鹤落于水泽，那个关于天空的梦想，便缓缓升起。

7000年前的华夏先民，于舞阳贾湖吹响骨笛，高亢悠扬中芦苇叠浪，仿佛祭司在火堆旁的吟唱，那是来自天空的声音，混合着无数夜晚对于星空的仰望；那是红砂绘制的史诗，先民将它刻进时光里。天外会有另一个世界吗？我们，能否到达那里？

东晋时，有高僧名支遁，字道林，其人喜鹤，传为一时美谈。单就养鹤一事而言，支遁并非首创者，在他之前，卫懿公、秦始皇的宫廷中，便有仙鹤的身影。卫懿公授鹤以爵，致使人心离散、临阵无将；秦始皇养鹤于咸阳宫，挥剑东出之日，当有鹤唳岐山。不过此二人养鹤，尚停留在观赏阶段。仙鹤身姿优美，白羽而丹顶，立水泽回顾，颇类仙人。两晋以前的仙鹤，多养于深宫，是王侯贵族的专属宠物。两晋之后，文人士大夫加入养鹤队列，仙鹤随即与王谢堂前燕一道，飞向更远的天际。

让我们说回名士。永嘉之后，晋室南渡，原本主要生活于北方沼泽山林间的鹤鸟，被养鹤人带到南方，名士养鹤的风气推动南方鹤鸟驯养产业的发展，东晋时南方已出现华亭、青田、扬州等鹤鸟产区。鹤鸟成为文人日常娱乐的一部分。其中较为出名者，便是支遁。支遁好鹤，喜爱仙鹤自由无拘、逍遥灵秀之态。

支遁喜鹤与其思想有关。支遁虽为僧侣，开即色一宗，却精通老庄学说，常与名士论道，亦有名士之姿。公元 141 年，张道陵于鹤鸣山创正一道，仙鹤在人们的心中便成为道教最为显眼的标志之一。支遁便受此影响。他曾养鹤于剡东峁山，因害怕鹤鸟一飞不归，便将其翅茎剪去，而后见仙鹤垂头不乐，又精心喂养，待其羽翼丰满，便任其离去，更有言：“既有凌霄之姿，何肯为人作耳目近玩？”[①]除养鹤外，支遁还爱养马，旁人问及缘由，他解释道：“贫道重其神骏。”能见凌霄之姿，又重潇洒神骏，玄学对支遁的影响，可见一斑。另外，支遁曾注《逍遥游》，引得王羲之闻名而来，“支作数千言，才藻新奇，花烂映发。王遂披襟解带，留连不能已”。[②]后世学者更将“即色”与“逍遥”作为其学说的核心内容。[③]

以释注道，非支遁一家所为。世人皆知两晋玄学兴盛，却往往忽视此时段佛学的发展。西汉末年，佛教传入中国，至东汉时，颇有声望。明帝永平十年，中天竺僧人迦叶摩腾与竺法兰结伴至洛阳，明帝为其修建白马寺一座，二人于此合译《佛说四十二章经》，后代诸多经典皆以此为始，洛阳亦成为当时的佛教中心，佛法广播。受两位天竺僧人的影响，亦碍于佛法在中原方兴未艾，三国魏晋的中原僧侣，在研修佛法的同时，将佛经翻译工作作为自己的主要任务。求法正道，是中原僧人的

① （南朝宋）刘义庆:《世说新语》上《言语第二》，北京:中华书局，2011 年，第 132 页。
② （南朝宋）刘义庆:《世说新语》上《文学第四》，北京:中华书局，2011 年，第 218 页。
③ 韩国良:《即色与逍遥——支道林哲学思想初探》，《广西社会科学》，2004 年，第 8 期。

毕生志向。与支遁同时期的法显，有感于译经不全，以六十五岁高龄，自长安西行取经，历经数年，抵达巴连弗邑（今印度比哈尔邦首府），习梵语，抄译经律论六部，对中国佛学发展作出突出贡献。法显此举，如钟灵鹤鸟，飞越两百年时间，启发另一位佛学大师的西行之路，其人便是唯识宗开创者——玄奘。生于中原的鹤鸟，常怀青云之志。求法之心，不会因远隔千里、言语不通而被阻挡，证道求实，方是道心本质。

僧侣修行，识字读经，无形中为他们增添一重文人属性，魏晋虽以道家思想为主，却不妨碍佛教徒也参与到清谈辩论的队伍中。与早期道家“清静无为”的心态不同，佛教徒更喜辩论。唐初玄奘法师更是因辩论之才，于那烂陀寺中获得“大乘天”称号。佛教哲学体系中的“辩证”意识为两晋玄学注入新的活力，玄学思想又开辟出新的解释道路。以支遁为首的一批两晋僧侣，在进一步翻译注释佛家经典的同时，更以自身为媒介，将佛教思想引入文人视野，终于在两晋时期发展出“般若六家七宗”的蓬勃局面。

当然，像支遁这样的僧侣终究是少数，在魏晋时期，社会主流依然是道家学说。自汉末以来，世道纷乱，战事频发，文人或铁肩担道义，匡扶社稷，或归隐田园中，畅谈玄学。曹魏之时，文帝采纳陈群建议，以九品中正取士，历经几代，本为朝廷招纳人才的制度最终被世家大族所把持，上品无寒门，下品无士族。东晋永兴年间，道士葛洪作《抱朴子》，开道家内丹修仙先河。于仙人点化之外，为信徒开辟另一条登上白玉京的道路，俗世修仙者日众。在此环境之下，许多文人受当时极为兴盛的道教文化影响，将仙鹤作为表达自己人生理想的载体。清人蒲松龄在其书《聊斋志异·崂山道士》一章中便写过一首脍炙人口的歌谣，“要学神仙，驾鹤飞天”，仙鹤与道家，联系紧密。在两晋文人的作品中，仙鹤时而是仙人的坐骑，时而是仙人的化身，再或者，当他们修得大道时，也能化作仙鹤，挣脱人世烦扰，飞往清净之地。练得身形似鹤形，千株松下两函经。仙鹤代表的不仅是长生，更是魏晋文人追求终生的自由。

文人养鹤之风，至唐宋依然流行。从贵族公卿园林中飞出的仙鹤，再次飞回圣人宫室。唐宋两代皆崇道教，李唐草创之初，便将李耳作为先祖，封“太上玄元皇帝”，李唐皇室皆以教主后裔自居。赵宋皇室紧跟其后，将赵玄朗（后世惯称赵公明）奉为先祖，称圣祖皇帝。虽说唐宋两代文化思想有一显著标志——三教合流，但由于皇室的提倡，道教在唐宋时期的地位，还是略高于儒释两家。而作为道教标志物之一的仙鹤，自然也备受推崇。唐太宗曾于宫中养鹤，并为其赋诗，流传天下。唐高宗时，全国有道观 1900 余所，其中大部分道观都养有仙鹤，文人游览于此，咏鹤之诗不绝。及至北宋，皇帝于宫城西北建“鹤庄”，用作皇室仙宠专养之所。端王继位，设立宣和画院，精于工笔画的北宋画师多绘仙鹤，玄漆点睛，栩栩如生，而徽宗本人，更于政和二年正月十六画《瑞鹤图》一幅，宣示群臣，以作庆贺。[①]

① 参见冯鸣阳《节令、礼乐、道教：政治文化视域下的宋画〈瑞鹤图〉》，《道教艺术研究》2019 年第 5 期。

《瑞鹤图》①

至此，仙鹤本身更多一层祥瑞寓意，常与青松一道，出现于各类画作当中。在皇家与文人的引导下，民间好鹤之风日盛。不过，世人养鹤倒也不完全出于明志心态。国家安定，政通人和之下的世人，对于鹤的欣赏，开始向仙鹤本身倾斜。仙鹤不再是皇室或者归隐文人的专属。具有经济能力的官员，以及商贾豪绅，纷纷买地修园，养鹤其间，以仙鹤翩舞为美。捕鹤人紧随军队的步伐来到大兴安岭地区的山林中，为权贵捉鹤。每

① （北宋）赵佶《瑞鹤图》，现藏于辽宁省博物馆，https://www.163.com/dy/article/HB6H0FDK0534ATHL.html。

年定期飞渡南北的候鸟，被局限在私家园林内，由专人引导，于宴席之间腾挪起舞，以为祝贺。

鹤舞，应是中国古代鹤鸟审美中十分重要的存在。唐宋为鹤舞极盛时期，此活动的起源，可追溯到春秋之时，吴王阖闾归葬期间，曾放鹤于堂内，以舞为悼。西晋羊祜亦养鹤待舞，以酬宾客。仙鹤之美，在于俊秀灵动，又不似鹰隼雕鹗那般生性凶猛，常为贵族所爱。且仙鹤生性机敏，喜欢在阴凉处聚集，这便要求其所生活之处，树密草茂，恬静幽宁。除隐士的自在田园外，便只有豪绅园林、皇家花园之类的场所能供其居住。此间费用，非寻常家庭可以负担。

以鹤舞为乐，必然要求仙鹤品相上乘，如此方能凸显其珍贵与主家财力，因此，唐宋捕鹤行走山川，忙于捉鹤的同时，也总结出一套相鹤、驯鹤的经验。唐人所依《相鹤经》，因时代久远，今日已无从得见，但后世相鹤皆以此为基础，我们或能从明清《相鹤经》中窥得唐宋审美。《群芳谱·淮南八公相鹤经》记载，仙鹤中的上等品相，应当头小而顶冠赤红，双眼明亮可见，高鼻而短喙，身长，展翼如凤凰，脖颈纤细但尾羽低垂。[1]依此记载，可见唐宋之人选鹤，最为看重的还是仙鹤纤然超脱的特点。

捕得仙鹤，便要去其野性，与驯化鹰隼的方法不同，鹤鸟驯化，较为温柔。《花镜·鹤》一章记载，捕来仙鹤后，要想让它起舞，就要让其保持饥饿状态，派一鹤童击掌引导，当仙鹤随掌声起舞时，便喂以虫鱼，作为奖励。久而久之，仙鹤听闻掌声，便会自然起舞。[2]不过，驯养仙鹤，与将仙鹤作为道教仙宠的初心不符。驯鹤只是贵族豪绅取乐的方式，连《相鹤经》在文章最后都无奈说道："岂鹤俗也，人俗之耳。"[3]

豪绅养鹤，非唐宋独有。时至明清，以盐业、丝织业、制瓷业发展起来的富豪权贵将江南园林艺术推至顶峰。江南一带的私家园林中多养仙鹤，辅以曲水廊亭，形成鹤景，以表达园林主人风雅脱俗之情。《红楼梦》在描写大观园怡红院时，便

① （明）王象晋撰，伊钦恒注：《群芳谱诠释》附录《鹤鱼谱·淮南八公〈相鹤经〉》，北京：农业出版社，1985年，第320页。

② （清）陈淏子：《花镜》附录《养禽鸟法·鹤》，北京：农业出版社，1979年，第404页。

③ （明）王象晋撰，伊钦恒注：《群芳谱诠释》附录《鹤鱼谱·淮南八公〈相鹤经〉》，北京：农业出版社，1985年，第321页。

特意提到园中养有仙鹤两只，用以衬托贾宝玉不随世俗之心。

在明清诸多养鹤人中，有两人不得不提。首先是明万历朝首辅申时行，其于党争中落败之后，告老还乡，于苏州修建“适适圃”一座。不问朝政的申时行时常在此观花赏鹤。自魏晋以来，归隐养鹤常常成为在官场上遭遇挫折后，抒发心中郁闷的无奈之举。“他们寄情田园，倾慕鹤的高雅、闲适，超然不群，以求得精神上的解脱。”[①]养鹤之举，虽在权贵加入之下，成为一时风尚，甚至带有附庸风雅之嫌，但仙鹤在文人的精神世界中，依然具有最初的模样。

除申时行之外，清末名臣林则徐也有养鹤的习惯。今人提到林则徐，多想到虎门销烟，这是中国近代史中绕不过、忘不掉的一章。而在此之前，其辅国安邦的赤子之心，亦可从养鹤一事中得见。林则徐好鹤，源自其父林宾日。林宾日一生淡泊名利，尤为崇尚“梅妻鹤子”的林逋，也曾养鹤家中，作《饲鹤图》以明其志。林则徐生长于斯，深受影响，道光十六年入

① 莫容、胡洪涛:《鹤史初探》,《农业考古》1988年第1期。

京之时，其随身携带的便是以父亲养鹤为主题的《饲鹤图》，以此自勉，提醒自己为政清廉，不忘气节。

早在道光三年林则徐任江苏按察使时，他便对鸦片的危害有了深刻认知，亦见国家危机、百姓之苦。林则徐多次上书，与弛禁派据理力争，他的强硬态度与出色的治政能力，给了道光帝以信心，终在道光十八年十一月，林则徐受命钦差大臣，赴广州查禁鸦片。次年四月二十二日，于虎门销烟。

林则徐禁烟之心与禁烟之举，恰如他喜爱终生的仙鹤，高洁清正，不忘家国。虽然禁烟运动最终因琦善等人的构陷而宣告失败，林则徐被贬伊犁，但临行前，好友龚自珍携仙鹤一对为其送行。想来，在前往伊犁的路途上，有仙鹤相伴，林则徐心中当少了几分孤寂。途经天山时，林则徐曾作诗一首：

天山万笏耸琼瑶，导我西行伴寂寥。我与山灵相对笑，满头晴雪共难消。

壮志未酬之情固然如天山冰雪一样难以消解，但一笑之间，心中那只仙鹤早已飞至九重之上。这只鸟是关不住的，它的羽毛不仅代表着自由，更代表着永不消灭的志向。人生在世如何自处？前人已写尽答案。纵使铩羽片刻，也要昂头向天，挥云乘风舞霄汉，衣雪不过笑谈间。

二、“女战神”与猫头鹰

1976年春夏之交，河南安阳小屯殷墟遗址发掘出一座规模不小的墓葬。该墓位于殷墟宫殿区西南侧，地处一座小高台之上。考古学家推测，以商代人“聚族而居”的习惯，此处应当是某个贵族家庭居所，墓主自然也是商王朝的某位贵族。经过进一步发掘，该墓葬共出土随葬品1928件，其中铜器总重量达到3250斤，另有玉器、骨器各数百件。

在该批文物中，最具考古价值的当属随葬青铜器。在此类文物上，多次出现“妇好”字样，直接证明了墓主身份，乃商王武丁三位王后之一——妇好。另外，铜器中还多次出现“后母辛”的字样。“辛”是妇好出生日对应的天干，以天干为名，亦是商代人习俗之一，“武丁”“帝乙”多源于此。

而“后母”二字，则代表这位女性曾为武丁生育过子嗣，以此作为尊称。

同样是这批青铜器内，包含铜钺 4 把、铜戈 90 件。两把铜钺单重分别为 17 斤、18 斤，若算上木柄，则在 20 斤以上。铜钺皆有纹饰，画虎雕龙，威武非常。随葬品大多是墓主生前喜爱或者常用之物，铜钺、铜戈的出现，也正好印证妇好的另一重政治身份——军事将领。后世提及女将军，大多联想到花木兰或者穆桂英。妇好是商代人的战神，穆桂英是宋人的英雄，她们各有历史责任，也都展现出民众对于女性力量的发掘与赞颂。

不过，最令人震撼的，还是那两把各超过 20 斤的铜钺。要知道，后世出土的大唐陌刀，最重不过 10 斤，已然能将敌人斩于马下，所向披靡，且非精锐不能有。能将 20 斤铜钺挥舞自如，可见身体素质之佳。

妇好墓葬中出土的女性饰品相对较少，玉梳仅有两把，用于束发的玉笄有 28 枚，骨笄则有 499 枚。

除上文所提及的诸多随葬品外，还有一件文物引起了考古学家的注意，那是一件鸟形青铜器，考古学家将它命名为——

妇好鸮尊。

鸮尊，高约45.9厘米，重约16.7千克，属于商晚期青铜器。该器小耳高冠，挺胸昂首，两足撑地，尾羽为支，敦实厚重，做冲天之势，栩栩如生。器身共有纹样八种，包括雷纹衬

妇好鸮尊[①]

① 妇好鸮尊，1976年出土于河南安阳小屯妇好墓，现藏于河南博物院，https://www.chnmus.net/ch/collection/appraise/details.html?id=512159573394606792。

地，蝉纹、双头怪夔、饕餮纹、盘蛇纹等，代表着商王朝最高青铜工艺水平。

商代人已经掌握较高的铸铜技术，能熟练打造青铜器物。在商代人迁徙的路途中，往往以铜矿作为自己的据点，以此发展城邦，武汉盘龙城便是商代人拓土寻铜征程中建立的典型代表。不过，盘龙城在长期远离中央的背景下，逐渐发展出独步天下的制陶、烧瓷技艺，生活方式也与中央相区隔。但究其本源，盘龙城商代人亦是为铜矿而来。

说回鸮尊。鸮，即为猫头鹰，作为早期鸟崇拜的对象之一，其形象广泛存在于中国北方早期先民遗址当中。例如仰韶文化时期的红陶鸮头，红山文化的玉鸮，甘肃、青海马家窑文化，乃至龙山文化、良渚文化亦出现过鸮形器。可以说，猫头鹰因其凶猛做派与夜行习性，在远古时代受到较高程度的崇拜，与今日“不吉”的文化形象，形成较大差异。

黑夜，本当是休养之时，猫头鹰却特立独行，于暮色中振翅凌空。这在燧人钻火的时代，未尝不是一种奇异，衍生之下，或许便是勇气的象征。

一如千百年里，鸮尊伫于墓穴，守卫着那位骁勇强悍的妇人。

商代人对于鸟类的崇拜，深入基因之中，《史记·殷本纪》有载："殷契，母曰简狄。有娀氏之女，为帝喾次妃。三人行浴，见玄鸟堕其卵，简狄取吞之，因孕生契。"[①] 商代人认为自己是玄鸟的后裔，因而在传世的殷商青铜器中，鸟类器具占到相当比例。

曾受天命的玄鸟，振翅翱飞，不再回望，战神夜鸮紧随它的步伐，回归黑夜。地上的人们，早已将战神遗忘，取而代之的，是不祥之兆。《诗经·陈风·墓门》写道："墓门有梅，有鸮萃止。"凤凰驱离黑暗，猫头鹰随即常存夜中。至春秋时，猫头鹰的恶名已广为流传，齐景公修筑高台，台成却不登台，属下问其故，景公曰："有枭昔者鸣，声无不为也，吾恶之甚，是以不踊焉。"[②]

白居易《凶宅》一诗更写道：

① 《史记》卷3《殷本纪》，北京：中华书局，2019年，第91页。

② 卢守助：《晏子春秋译注》，上海：上海古籍出版社，2006年，第199页。

枭鸣松桂树，狐藏兰菊丛。

苍苔黄叶地，日暮多旋风。

前主为将相，得罪窜巴庸。

后主为公卿，寝疾殁其中。

蒲松龄在《聊斋志异·辛十四娘》一文中亦用猫头鹰的叫声来渲染恐怖气氛："夜色迷闷，误入涧谷，狼奔鸱叫，竖毛寒心。"

而以猫头鹰为主题的鸮形器，在殷商灭亡之后，数量便急剧下降，周初鲜少生产，至西汉偶有出现，但自汉之后，便再无踪迹。就其分布范围来看，鸮形器物大致分布于中国北方地区，以河南、陕西、山东为典型代表，西北地区亦有出现，想来也是殷商文化与鸟类崇拜的遗响。

女战神于千年前便消散于黄土，棺椁中仅存覆体的朱砂。鸮尊因为商代人的信仰而长存墓室，出土之时亦缺少一耳。昔人已乘黄鹤去，此地空余黄鹤楼。器物承载着人类的遐想，但并不存放人类的精神，观念会随时间而变，器物一旦成型便只有崩塌的一天。鸮尊留在原地，而华夏先民拥抱着新生。

夜鸮随商人自东方而来，因其惯于夜行，且生性凶猛而为商代人所推崇。商代人将其作为图腾，刻画于器物之上，女战神则将它放于墓中。周王建国，夜鸮就此退出历史舞台而流落于民间。铁甲褪去，复归自然，人类怎么想，猫头鹰并不知道，发生在它身上的故事，它也不一定会理解。它只知道，独自在夜空中飞翔，是一件快乐且再正常不过的事。

三、不许睡！鏖战到天明

唐人的风度究竟是怎样的？我想，这个问题只能呈现，无法描绘。言语在盛唐的色彩面前是苍白的，想象在唐人的画笔下是空洞的。借由鹰鹞的翅膀，或许，我们能一梦大唐。

唐人对于狩猎，有着一种狂热。

源自六镇良家子的尚武血性，经过南北朝两百余年的拼搏凝练，至唐时，呈现出一种不加掩饰的豪迈。天下归元，再造统一；丝路重开，扬帆海上。在长安阓市的界碑上，赫然写着“此去安西，九万九千里”。

这段路程，由盛唐的商人丈量；这番天地，有唐宫的鹰隼飞渡。

盛唐倒映在金杯之中，化作诗人的一口酒气。剑舞寒锋，星辰缀锦。天宝十一年，诗人乘垂天之云，浮游白云京，与天上仙人倾酒三千盏，狂诗五百篇。金樽拂倒，滚滚黄河天上来。

李白的诗，是盛唐的影。

同在天宝十一年，李白游至幽州，提笔写下《幽州胡马客歌》：

幽州胡马客，绿眼虎皮冠。笑拂两只箭，万人不可干。
弯弓若转月，白雁落云端。双双掉鞭行，游猎向楼兰。
出门不顾后，报国死何难？天骄五单于，狼戾好凶残。
牛马散北海，割鲜若虎餐。虽居燕支山，不道朔雪寒。
妇女马上笑，颜如赪玉盘。翻飞射野兽，花月醉雕鞍。
旄头四光芒，争战若蜂攒。白刃洒赤血，流沙为之丹。
名将古是谁，疲兵良可叹。何时天狼灭？父子得安闲。

唐代的游猎活动，不仅存在于长安。

从太宗李世民到玄宗李隆基，都是游猎的忠实爱好者。齐王李元吉曾说："我宁三日不食，不可一日不猎。"[①] 唐朝皇室对于狩猎的热爱程度可见一斑。

放鹰走狗，千骑平冈。引弦霹雳之声，并未因太平安宁的到来而被废弃，吹角擂鼓反而随着关陇地区数座马场的逐渐壮大，一度盛行于帝国首都之内。奔放尚武的传统、充盈不绝的战马资源，使得王孙贵卿、唐女胡师尽皆参与到这类激烈狂放的运动当中。仲冬时节的田猎亦作为军礼的一部分被纳入到国家五礼之中。

唐朝皇室的游猎场景难以再现，我们只能从简单的文字记载中，一窥千里旌旗的盛景。史书记载，皇室每次游猎，时间都在五天以上，放矢不绝，鼓角震山。每次围猎人数均在几百甚至千人以上，自五六十里之外便开始围猎獐鹿熊狼等，逐步缩小围猎范围，直到围猎主人的行营附近。由此亦可知，唐朝宗室不仅把狩猎当作一种娱乐，也在这一过程中锻炼一定的军事能力。阵型推演，围点打援，配合作战，都在狩猎中得以

① 《新唐书》卷 89《高祖诸子》，北京：中华书局，1975 年，第 3546 页。

体现。

以唐人对围猎的兴致，若围猎主人得见苏轼所作《江城子·密州出猎》，当引为知己。

“老夫聊发少年狂，左牵黄，右擎苍，锦帽貂裘，千骑卷平冈。”即使相隔数百年，宋人与唐人的装扮，仍有相似之处。只是苏轼所擎苍鹰，在唐朝宗室看来，还是略显逊色了。

鹰隼，在人类长期的动物驯化史中，始终占据重要地位。对于制空权的占领，人类的认识先于第二次世界大战。不过此时的制空权，并不是针对人，而是动物。鹰隼驯化技术，自先秦发展至唐，已趋于成熟。唐人的认知中，可用于狩猎的飞禽有四种，分别是鹰、雕、鹘、鹞。

要说鹰隼在狩猎中的作用，我们比较熟知的便是抓取猎物。

鹰隼的另一作用，是搜检猎物。围猎毕竟多在群山之中，山高林密，谷深多壑，低矮的灌木、攀天的巨树，都有可能是猎物的藏身之所。鹰隼飞于天空之上，有更广阔的视野，更容易发现猎物，队伍紧跟其后，一来不容易迷失方向，二则能够提早准备。俯冲捕猎，也能对猎物形成初步打击。

鹰隼最后一个作用，体现在鹰隼本身。持鹰策马，犬豹相随，这是一种态度。鹰隼的存在本身就是身份的象征、武力的标志。

唐人在训练鹰隼方面，同样投资巨大。

唐代的鹰坊并非首创，而是承继于隋炀帝。大业四年，隋炀帝征召天下驯鹰师齐聚东都洛阳，应诏者万余人。单从这一点，也能看出隋炀帝时期，隋朝皇家驯鹰的规模之大。隋炀帝热衷于狩猎，鹰隼自然是他狩猎过程中的重要帮手，为表纪念，炀帝还曾作《咏鹰诗》：

迁朔欲之衡，忽投罻罗里。既以羁华绊，仍持献君子。

青骹固绝俦，素羽诚难拟。深目表兹称，阔臆斯为美。

惊兽不及奔，猜禽无暇起。虽蒙鞲上荣，无复凌云志。

开元十九年，唐王朝首次设置五坊。所谓五坊，就是在前文提到过的四种禽鸟的基础上再加上“狗坊”一项。五坊设置于绛霄殿廊屋下，专门负责皇室狩猎所用猎鹰、猎犬的驯化工作。

长官称为五坊宫苑使或五坊使，下设副使、鹰鹞使、押衙等。其中，鹰鹞使又称看鹰人，负责禽鸟驯化。

唐人对于鹰鹞的驯化方式较为简单，总而言之，一个字——熬。

熬鹰，就是这么来的。

鹰鹞一类飞禽，生性凶猛，战力非常，故而对鹰鹞的驯化，要从幼鹰开始。先将鹰置于丁字形鹰架上，鸟喙以皮套束之，防止幼鹰暴起伤人。驯鹰之时，需驯鹰师持一小棍站于幼鹰旁，见幼鹰合眼，便用小棍击打，使幼鹰清醒。如此反复，直至幼鹰不再攻击驯鹰师，性情温顺为止。训练时，驯鹰师需整日看守幼鹰，不分昼夜。

如此驯化方式，必然产生折损，但唐代五坊每年还是保持百余只猎鹰产量，有赖于五坊鹰隼稳定的供货源。唐代的鹰隼供应地大约有四处，分别是灵州灵武、濮州濮阳、华州华阴，以及同州。由此，在民间还形成“捕鹞户”这一职业，专门从事飞禽捕捉以供给朝廷用度。整个鹰隼养殖驯化行业形成完整链条，甚至围绕长安形成“环长安”鹰隼养殖带，一定程度上带动当地经济发展。军队偶尔也会参与饲养，唐懿宗时期，天威军曾短暂地对皇室供输鹰隼。如此庞大的基础，唐代五坊在训练有损耗的情况下依然能保持每年百余只的产量，也就不足为奇了。

除此之外，外国进贡也是唐代鹰隼飞禽的主要来源之一。以东北部的高丽、新罗等为主。鹰隼喜寒，朝鲜半岛纬度较高，多山岭，适宜鹰隼生长。此类进贡以鹰、鹘为主，其中鹘类又以海东青为最佳。可以说，五坊四禽个个身怀绝技，背景不凡。金雕活跃于历代文人笔下，而海东青的故事，更是勾连起两个王朝的命运。不过，唐人的精彩还没聊完，不急，让海东青再飞一会儿。

当时驯化幼鹰的另一个方法，是控制食量，使幼鹰长期处于饥饿状态。这也是熬鹰的一种，目的是保持忠诚。鹰鹞的食物只能从驯鹰师手上获得，由此便会产生依赖，也更有助于驯鹰师的驯化。保持饥饿，让幼鹰依赖驯鹰师的同时，也保持对猎物的凶狠。

只是叼回猎物那刻，飞鸟不再属于天空。

在唐代的一众驯鹰师中，我们还能看见一群高鼻深目的人，他们是胡人驯鹰师。胡人驯鹰师具体来自哪里，目前尚不能确定，但可以肯定的是，他们也是唐代驯鹰产业的中坚力量。无论是金乡县主墓，还是懿德太子墓，均有胡人驯鹰师陶俑出土。他们的衣着与唐人无异，唯一的区别是颇具辨识度的面容，长卷胡须，眉弓高耸。陶俑身上的彩漆并未随时间褪色，虽略显斑驳，但光彩依旧。

说到唐代皇室狩猎，也有女性的身影。猎场上的她们，与男性猎手别无二致，穿圆领袍，梳双髻，挽缰纵马，单臂持鹰。同时代的诗人也乐于在自己的作品中展现她们的风姿。张籍就曾在《宫词一百首》中写道：

新鹰初放兔犹肥，白日君王在内稀。薄暮千门临欲锁，红妆飞骑向前归。

前文提到，唐人的狩猎，是一种集体性的大型活动，每次多至千人，且有鹰犬相随，不可谓不壮观。如此盛景，连罗隐都被触动，写下《题新榜》一首：

唐绞胎釉陶狩猎骑马俑[①]

黄土原边狡兔肥，犬如流电马如飞。灞陵老将无功业，犹忆当时夜猎归。

这类题材，此等气魄，在罗隐的诗中是极为罕见的。要知道，罗隐半生不第，仕途坎坷，惯看人间悲喜，官场斗争。罗

① 唐绞胎釉陶狩猎骑马俑，1972年出土于陕西乾县懿德太子墓，现藏于中国国家博物馆，https://www.sohu.com/na/460923494_120006290。

隐之诗，笔势锋利，辛辣非常，多做讽刺之用。《题新榜》一首虽在末尾保持罗隐一贯风格，但气势磅礴，亦不多见。身处猎场之中，哪怕是“时来天地皆同力，运去英雄不自由”的罗隐，也短暂地阳光了些。

既是大型活动，便少不了长安贵族子弟的参与。每当皇室或贵族举办围猎，权贵子弟多架鹰驱犬前来祝贺和比赛，锦衣华服，风流少年，唐人称他们有“侠少”之风。高举旗帜，追随宴主，马蹄之下，烟尘四起。寻乐固然是狩猎的一大目的，但对于这些长安子弟来说，求官才是他们的主要目标。张籍在其诗《少年行》中就曾写道：

少年从猎出长杨，禁中新拜羽林郎。独对辇前射双虎，君王手赐黄金珰。

贵族子弟以围猎入仕，大多担任禁卫亲军，久而久之，金吾卫也成为长安贵族子弟的代名词。由此入仕的军官到底有多强的军事能力，实在难以衡量，对于这群贵族子弟，唐人有自己的评价，同为张籍《少年行》中所写：

日日斗鸡都市里，赢得宝刀重刻字。百里报仇夜出城，平明还在倡楼醉。

遥闻虏到平陵下，不待诏书行上马。斩得名王献桂宫，封侯起第一日中。

不为六郡良家子，百战始取边城功。

其中是非功过，只有唐人得以论说。

皇帝大兴狩猎的背后，是寻常兵士与人家的数倍付出。鹰隼多长于寒冷高山之上，捕捉难度大，稍有不慎，便要付出生命代价。而在猎场周围，警备巡查、预防山中猛兽的工作，都由普通士兵承担，在围猎过程中，猛兽受伤暴起，也需要普通士兵出面制伏。当达官显贵在行帐内欢饮达旦、纵情声色时，普通的士兵只能围着篝火御寒。若是猛兽跑出围场，追击之下的骑兵队，可不会顾及农田。一年的收成，可能就此毁于一旦，而这一切的起因，只是一场狩猎。

四、阿骨打灭辽记：保护海东青人人有责

公元 1114 年，女真完颜部首领阿骨打决意起兵。他的口号是：自起兵之日起，女真部拒绝再向契丹人提供海东青。

海东青，一种从名字到身形，都符合人类审美的鸟，大兴安岭山林中的猛禽，辽、金贵族的时尚单品。《契丹国志》说它“小而俊健，能擒鹅鹜，爪白者尤以为异”。[①] 游牧民族独特的生活方式，使得他们多有鹰猎的传统，契丹、女真二部也不例外。从漠南到大兴安岭，骏马与弓箭的威名，无人不知，无人不晓。宝马带起的风，吹起臂膀上的鹰，带回还在挣扎的兔，游猎有自己的浪漫。鹰隼是游猎日常中的重要帮手，海东青更是其中佼佼者，迅疾如电，勇毅非常。而它与辽、金两朝的故事，则

① （南宋）叶隆礼:《契丹国志》卷 10《天祚皇帝上》，上海：上海古籍出版社，1985 年，第 102 页。

要从“捺钵”说起。

公元7世纪，契丹八部崛起于西拉木伦河及其支流老哈河一带，他们是白马与青牛的血脉。契丹原本是族名，意为“镔铁”，其发源于我国东北部，是生活于白山黑水间的游牧民族，牧羊游马，逐水草而居。9世纪末，迭剌部脱颖而出，成为八部之首，首领耶律阿保机被其余部落首领共推为“夷离堇”（军事联盟首领）。公元916年，耶律阿保机建立辽朝，国号“契丹”，定都上京临潢府。

建国之后，契丹上层贵族依然保持着原本的生活习惯，跟随季风的脚步，寻找适宜生存之地。换句话说，契丹皇帝一年中的大多时间，都在旅途中。因为“爱旅游”，辽朝由此衍生出新的国家制度，最具代表性的，就是“南北面官制度”与“四时捺钵”。

“四时”就是四季，而“捺钵”，则是契丹语中的“行在”。所谓行在，有两层意思，一是天子所在之地，二是天子巡游所到之处。总而言之，是天子的暂居地，也可以说是“打卡点”。“四时”与“捺钵”合在一起，即为随四时变化而动的天子居所。四时捺钵承载的，是契丹国事，更是先祖遗响。

在时间的维度上，四时捺钵如飞瀑湍延，纵越四季，轮回春秋。与横向的山河相遇，便形成四幅图景，可分别称为：春水、纳凉、秋山、坐冬。夏冬两次捺钵比较严肃，皇帝在避暑、避寒的同时，还要处理政务，接待北宋、西夏等使臣。皇帝牙帐南北分设官署，北面官负责管理契丹部落事务，而南面官则负责汉地、汉人相关事务，这便是辽朝又一特色政治制度——南北面官制度。

春秋两季捺钵，较为闲适，春日捕鹅鱼，秋月猎獐鹿，算是难得的放松时间。

四时捺钵中，与飞鸟猛禽关系最为密切的就是春捺钵。初春，草长莺飞，万里桃花始盛开，但在契丹皇帝的“旅游”线路上，这时候的山林，雪还没化，连飞鸟都在南方，没有返回。所以，初春时节的春捺钵，内容是捕鱼。

自正月上旬始，皇帝带领侍从自驻地启程，历时六十日左右，到达长春州鸭子河泺。河冰未化，皇帝便搭帐于冰面之上，随从凿冰取鱼。待到冰消雪融，南雁北归之际，本章的主角——海东青便可大展身手。

前文说到，契丹本是游牧民族，即使建国定都，依然保持游牧传统，游猎便是其中之一。纵马张弓，放鹰逐鹿，是先祖的生活方式，更是契丹的立国之本。举行游猎，娱乐自己的同时，也在怀念先祖。

春捺钵保持鹰猎的习俗，既是对传统的延续，也是维持民族血性的手段。诸多鹰隼种类中，产于东北五国部、女真部的海东青，最受辽朝贵族的喜爱。

《辽史》一书曾详细记载辽朝皇帝利用海东青捕捉天鹅的场景。皇帝亲猎之时，随从皆身着墨绿色圆领窄袖袍，另备链锤一柄、鹰食一罐、刺鹅锥一枚。沿鸭子河泺，每隔五到七步站立一人，若发现天鹅踪迹，便举旗相告。离河泺较远的侍从收到消息，随即鸣鼓，将栖息在低矮树丛中的鹅雁惊起。此时，专门饲养海东青的鹰坊子弟会将驯养成功的海东青献与皇帝，让皇帝将其放飞并捕猎天鹅。[①] 辽金时期著名的“春水玉”便多

① 《辽史》卷32《营卫志中》，北京：中华书局，1974年，第373—374页。

以此为题材。鼓声震水，飞鸟连惊，站立于皇帝臂膀上的海东青，是这场游戏最后出场的最佳猎手。

“海东拿天鹅”是辽代春捺钵的重头戏。海东青的体形数倍小于天鹅，却刚猛异常，不畏强敌。每逢狩猎，海东青都展翅冲天无所惧，俯身如离弦之箭，出爪如钩，一击制敌，足可见其悍勇，甚至有传闻说它“力能制鹿”。如此精神，与游牧民族坚忍勇毅的性格相契合，受到契丹贵族推崇，自然也在情理之中。可以说，此时的海东青，不仅是辽人心中战力的代表，也是各族首领心中辽人的徽章。辽朝皇帝分赐天鹅肉，吃的是战利品，分的是权力。

辽人对于海东青的喜爱，连远在南方的姜夔都有所耳闻，他在《契丹歌》中写道：

契丹家住云沙中，耆车如水马若龙。春来草色一万里，芍药牡丹相间红。

大胡牵车小胡舞，弹胡琵琶调胡女。一春浪荡不归家，自有穹庐障风雨。

平沙软草天鹅肥，胡儿千骑晓打围。皂旗低昂围渐急，惊作羊角凌空飞。

海东健鹘健如许，鞲上风生看一举。万里追奔未可知，划见纷纷落毛羽。

平章俊味天下无，年年海上驱群胡。一鹅先得金百两，天使走送贤王庐。

天鹅之飞铁为翼，射生小儿空看得。腹中惊怪有新姜，元是江南经宿食。

辽人喜欢海东青，国境之内却无海东青产地，因此只能向外求取。位于东北的五国部、女真部自然而然进入到契丹人的视野当中。五国部又在女真之东北，气候更加寒冷，适合海东青居住，由此，五国部成为海东青主要货源地。正如张骞出使西域后，我国西北地区形成中西重要通道——丝绸之路一样。海东青的巨大魅力在契丹贵族之中形成巨大需求，自辽国黄龙府到五国部，形成一条专门用于运送海东青的“鹰路”。松林飞雪阻挡不了辽人寻求海东青的脚步，黑山白水更彰显出海东青这一物种的冷冽。

而据有关学者考证，辽国黄龙府与五国部之间的连接枢纽，便是完颜部所在的按出虎水（今黑龙江省哈尔滨市阿什河）。五国部远在东北，辽人无法直接控制该地区的海东青进贡情况，于是，邻近的女真部落，则成为辽人依靠的主要力量。

就现有的记载来看，五国部每年向辽朝进献的海东青数量并不巨大，算上路途中因意外死去的部分，每年需捕获海东青二十只左右，真正能献给皇帝的，只有两只。

海东青虽然名字里带“青”字，但实际花色很多。白色海东青最为稀少，因此被划归为上品，白色与其他毛色相杂的海东青为中等，青灰色海东青因较为常见，因此被认定为下品。与唐代相似，辽朝也设立了自己的鹰隼专业驯养机构——鹰坊，专门从事海东青的饲养与驯服。在鹰坊中工作的人，也有自己的专属称呼——鹰坊子弟。单就称呼而言，不禁让人想起白居易诗中的“五陵年少”，但二者指向的是截然不同的命运。鹰坊子弟远没有五陵年少的风光，他们虽饲养着辽王朝最为珍惜的海东青，却地位低下，更没有依靠海东青获得平步青云的机会。

不过，他们的专业能力令人信服，娴熟且可靠。

元人熊梦祥在其作品《析津志》中记录过元人驯服海东青的过程。海东青喜寒冷，宫人就让它站立在玉石堆砌的小山上，以降低海东青爪子的温度。这样，海东青就不易生病。到冬季，又将它放到铺满织锦的地方，以防温度过低。海东青性情刚毅，想要驯服它，并非易事，一天之中，唯有夜晚才能让它稍微睡上一会儿，有时甚至能将海东青熬到双眼通红。[①]

喂养海东青，也有讲究，喂多喂少，要看海东青当时的换毛情况，以及排出的粪便情况。这倒与今天饲养画眉、鹦鹉的方法大致相同。不过，控制海东青的食量，是为了保证它的攻击性。只有勇猛出击，捕获猎物，才能得到食物与奖励。因此，保持饥饿感，是维持海东青战斗力的秘诀之一。

作为皇帝最喜爱的鸟类，海东青的装扮也不会逊色，纯金脚环是标准搭配，此外还需要皮革做成的红带绑缚。红金相衬，熠熠生辉。

---

① （元）熊梦祥：《析津志辑佚·物产》，北京：北京古籍出版社，1983 年，第 234 页。

海东青出战前，头上总要戴上一个头罩，也叫作笼兜，上面遍布金丝刺绣，末端有小红缨或者马尾。头罩的作用是防止海东青高度紧张或者还未被驯化，进而造成意外。真正放飞之时，头罩才会被拿掉，脚上的皮绳也才能够解开。至此，海东青会戴着皇帝赐予的金环，扑向猎物，缠斗之后，获得一颗鹅脑，聊以果腹。

说回此时还在群山之间穿梭的完颜阿骨打。

他所在的部族，原本只是众多女真部落中规模较小的一支，但按出虎水正好处于鹰路之中。海东青生长在高山岩壁之间，捕获难度较大，更不必说难得一见的纯白海东青。每次捕捉，付出的可能都是生命的代价。

完颜部毗邻五国，又受辽朝皇帝驱使，久而久之，完颜部受到辽朝皇帝器重，成为鹰路上的重要力量。完颜部对于鹰路的掌控，经过二世四代的耕耘。阿骨打的祖父——乌古乃（金景祖），因帮助辽朝检索逃户、平定叛乱有功，被辽朝任命为生女真节度使。也就是这一时期，完颜部快速发展，频繁向邻近部落购买铁石、甲胄，以增强部落实力。乌古乃当政时期可以说是完颜部壮大的关键时期。乌古乃去世后，继任的是阿骨打之父——金世祖劾里钵，再之后是金肃宗颇刺淑。二人在父亲的基础上，进一步发展完颜部势力。到盈歌时，完颜部已经完全控制了鹰路。阿骨打正是在这样的背景中成长起来的。23岁时，他便跟随父亲劾里钵四处征战，对完颜部及其周边部落的情况有着充分了解，也知道辽朝因自身对于海东青这一贡品的求取而对东北诸部实施的压迫。

阿骨打当政时期，辽朝皇帝是天祚帝耶律延禧。耶律延禧沉迷畋牧之乐，荒于政事。在他的带领下，整个辽朝上层安于富贵，文恬武嬉。而阿骨打所带领的女真部落，依然在逐渐增长势力。其后，辽朝收留了反对完颜部的阿疎，完颜部向辽朝索要阿疎不得。在此契机下，公元1114年九月，阿骨打正式起兵，以“不堪辽人数次索要海东青，并欺压当地百姓”为由，反抗辽王朝的统治。

说起阿骨打与海东青，二者之间还有微妙的联系。曾有传言，阿骨打的母亲身怀六甲之时，正好碰上辽人与完颜部产生冲突。完颜部众人不敌，且战且退，阿骨打的父亲护送妻子躲避追兵，却遇上辽兵围堵，阿骨打此时正好出生。危难之际，天空飞过一只海东青，将阿骨打救走，并在空中大声呼喊“阿古达”，山神阿古达被唤醒，动用山洪之力，击退辽兵。阿骨打的父亲认为这是神的旨意，于是便给儿子取名阿骨打。这故事充满神异色彩，因时代久远，难断真假。但这故事却切实地将阿骨打与海东青联系在一起，既给了阿骨打以反辽的由头，也加深了海东青身上的非凡色彩。

在完颜阿骨打的带领下，女真军队接连取得宁江州、出河店两次大捷，公元 1115 年，阿骨打称帝，国号金。

收国二年（公元 1116 年），完颜阿骨打占领沈州、东京，统一女真部落。

两年后，辽金进入和谈阶段，短暂停战，而后北宋介入，希望联合金朝一同灭辽，辽金和谈发生动摇，公元 1120 年，金朝单方面终止与辽的和谈，双方再次进入交战状态，当年五月，金军攻破辽上京。

天辅七年（公元 1123 年）八月，阿骨打去世，完颜吴乞买即位，是为金太宗，两年后，金灭辽。辽朝宗亲耶律大石见大

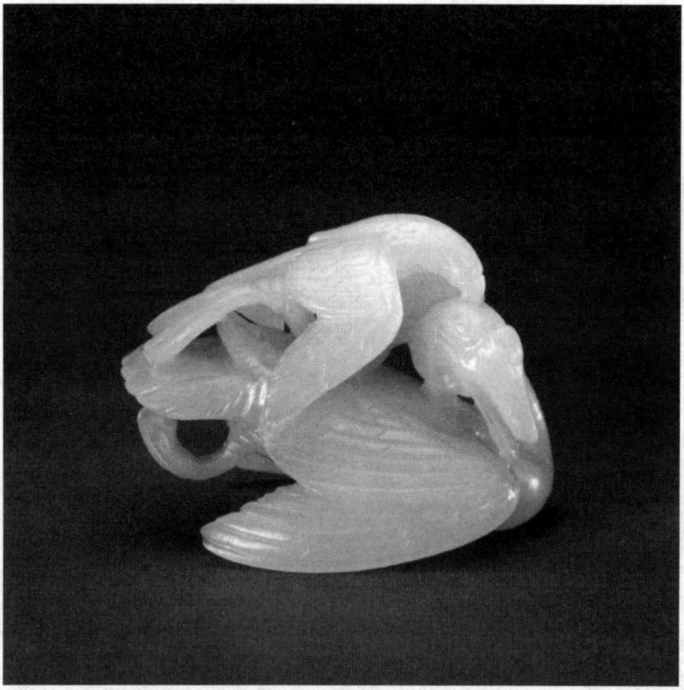

玉海东青啄雁饰[①]

① 金代玉海东青啄雁饰，现藏于故宫博物院，https://www.dpm.org.cn/collection/jade/229418。

势已去，随即率军西去建立政权，即西辽政权。契丹旧地，悉数归金朝所有。

而鹰坊中的海东青呢?

金人仍然保持着辽朝的捺钵制度，只是相较于辽人成系统的四时捺钵，金人的捺钵只保留“春水”“秋山”两部分。“海东拿天鹅”依然是金代春水玉的主要题材。

金人参与春水活动时所穿的衣服上也多有海东青捕猎天鹅的图样。金人赵秉文作为皇帝侍臣，常随皇帝游猎，在他的《春水行》中，仍能看到海东青的身影：

光春宫外春水生，鴐鹅飞下寒犹轻。绿衣探使一鞭信，春风写入鸣鞘声。

龙旂晓日迎天仗，小队长围圆月样。忽闻叠鼓一声飞，轻纹触破桃花浪。

内家最爱海东青，锦鞲掣臂翻青冥。晴空一击雪花堕，连延十里风毛腥。

初得头鹅夸得隽，一骑星驰荐陵寝。欢声沸入万年觞，琼毛散上千官鬓。

不才无力答阳春，羞作长杨侍从臣。闲与老农歌帝力，欢呼一曲太平人。

经历过灭辽战役，海东青的命运并没有发生改变，以它为起兵口号的人，于天辅七年去世，曾经以它为权力标志的王朝先后消散于历史长河之中。

六

疆场飞驰

房兵曹胡马诗·篇五

（唐）杜甫

胡马大宛名，锋棱瘦骨成。

竹批双耳峻，风入四蹄轻。

所向无空阔，真堪托死生。

骁腾有如此，万里可横行。

一、并不一定需要草原

与马有关的事，并不只是战争。

在传统文化的意象中，马是很重要的一部分。大多时候，它代表着军功，象征着建功立业的雄心。其中代表莫过于甘肃省博物馆所藏“马踏飞燕”，踏步如飞，神驰骏捷，这是汉通西域的缩影，亦是汉家精神的标志。勒石燕然、封狼居胥，曾是多少武将的夜深梦回。除去黄土中的峥嵘往事不谈，马在古人的生活中，依然拥有很高的参与度。

传驿急递、出门远行，马都是主力军。即使已经有官修通道，不必翻山越岭，但畜力还是货物转运的主要依靠。甚至在耕牛不够用时，马也要接过笼头，扛起木犁，走进田里。因此，马一直为人们所畜养，并成为不同区域间贸易的重要商品。

自汉景帝起，我国便有官营马场，以供征战所需，武帝击匈奴，前后调动军马数至百万。东汉以后，时局纷乱，牧场归属情况不定，战马消耗巨大，民间养马情绪亦不甚高。隋统一南北，百姓方得片刻安宁。然匆匆不过十余年，隋炀帝欲征高丽，下诏举国献马。据《隋书》记载：

（大业）六年，将征高丽，有司奏兵马已多损耗。诏又课天下富人，量其赀产，出钱市武马，填原数。限令取足……于是马匹至十万。①

东征的结果，尽人皆知。三征高丽极大地消耗了隋帝国的精力，国家疲敝之时，各地民众纷纷揭竿起义。前有瓦岗三炷香，后有杨玄感谋逆，文炀两代的积业毁于一旦。于北魏末期兴起的六镇势力，在隋末迎来决战。公元 618 年，炀帝于江都被叛军所杀，同年，唐高祖李渊于长安登基，改元武德，国号为唐。天下兴亡，盛亦悠悠，衰亦匆匆。遥想北魏，追隆周而

① 《隋书》卷 24《食货志》，北京：中华书局，1975 年，第 687 页。

并驱，驾炎汉而独迈，孝文改制，一度昌隆，然至尔朱入洛，亦不过半百时光。[①] 六镇血脉没于沙场，胜者寥寥。

前文所引《隋书》内容，虽可证明在大业六年之时，民间养马数量尚为可观，但经历风云变幻后，唐廷自隋继承的马匹数量却不容乐观。《文献通考·兵考》有载："唐接周、隋乱离之后，承天下征伐之余，鸠括残骑，仅得牝牡二千匹，于赤岸泽徙之陇右。"[②] 唐初有史可查的军马数，不过三千余匹。正是在这种情况下，马政成为唐廷关注的重点。贞观十五年，太宗起用张万岁主管马政事务，不过十余年间，此养马高手竟使官马数量增加两百倍，达七十余万匹。效率之高，成果之丰，令人咋舌。史载："于时天下以一缣易一马，自昔国马之盛，未之有也。"[③] 同时，唐廷于岐、幽、泾、宁等地，设置八大马场，分别是：保乐、甘露、南普闰、北普闰、岐阳、太平、宜禄、安定。

① 《魏书》卷 77《列传六十五·羊深》，北京：中华书局，1974 年，第 1704 页。

② 马端临：《文献通考》卷 159《兵考十一》，北京：中华书局，2011 年，第 4765 页。

③ （清）董诰：《全唐文》卷 226《张说·大唐开元十三年陇右监牧颂德碑》，北京：中华书局，1983 年，第 10 页。

共计牧田1230顷。[1]

官马充盈，国无战事，以马为主体的娱乐活动随即兴起，除游猎之外，另一具有代表性的活动，便是马球。关于马球的起源，众说纷纭，有说它源自波斯，还有说法是起源于吐蕃，更有学者认为马球乃本土产物，但无论它起于何时，至公元6世纪，它已成为唐帝国内普遍存在的一种娱乐活动。上至帝王，下至公卿，无不乐于此道。军马随唐人的步伐继续向西域伸探，而在帝国之内，五陵年少也借用马球运动，挥洒着豪情。

马球本是一项竞技运动，要求人与马有相当程度的配合。在唐人的观念中，一匹合格的“运动马”应当善解人意，做到“马不鞭，蹄自急”。[2]也就是说，作为一匹在球场上驰骋的骏马，在骑手未曾下达命令时，便要有所反应。机灵敏健，才能长久地留在赛场上。一场比赛中，配合便是取胜的关键。庞大的官马数量，在充实军用的同时，也为马球运动的传播与持续

---

① 余和祥:《唐宋时期的马政初探》,《中南民族大学学报》(人文社会科学版)，2007年第5期，第134页。

② 《全唐诗》卷275《酬韩校书愈打球歌》，北京：中华书局，1960年，第3117页。

提供必要条件。如此一来，在一众马匹中，选出上品，便成为饲马者必备的技能。其实不只唐代有相马技术，早在梁朝时，便有《伯乐相马经》《周穆王八马图》等参考书目在民间流传。相马技术发展至唐，体系更为完整。据《太白阴经·相马篇》记载：

经曰：相马之法，先相头耳。耳如撇竹，眼如鸟目，獐背、麟腹、虎胸，尾如垂帚。次相头骨……视盼欲远，精神体气高爽……行止循良，走骤轻燥，毛鬣轻润，喘息均细。擎头如鹰，龙头高举而远望。[①]

总体而言，唐人相马，依据多样，重精神与体态，所选马匹大多气宇轩昂、体形健硕。此等良马，在赛场之上，表现自然不会令人失望。不过，正如韩愈在《马说》中所言，“千里马常有，而伯乐不常有”。大多数饲马者不能谙相马精髓，亦不通

① （唐）李荃:《神机制敌太白阴经》，北京：中华书局，1985 年，第 63—64 页。

良马习性，大多时候只凭个人喜好。

说回赛场，唐人将马球称为“击鞠”，但此鞠非彼鞠。宋朝流行的蹴鞠，所用“鞠”是一种以动物皮毛做壳、内填以干草或绒毛的球体。毕竟蹴鞠是以人体相搏，若是实心，对人来说，损耗太大。而马球所用球，应当是一种木制小球，具体制作工艺不得而知，表面光滑，多以彩漆装饰，因此，马球所用球又被称为“画球”。击鞠所用工具也有说法，造型与今天的高尔夫球杆类似，头部弯曲呈月牙状，配以长柄，此类球杖又称“月牙杖”，杖如其名。月牙杖多为木制，外部以铁皮包裹，手柄处亦有兽皮作为防护。

比赛之时，分列两队，着不同颜色衣物以作区分。唐人在服饰方面没有特殊要求，只是在打球时所穿衣物多为紧身款式，窄袖，腰带禁束。[1] 宋人则更进一步，据《宋史》记载：

其两朋官，宗室、节度以下服异色绣衣，左朋黄襕，右朋紫襕，

① 高原：《唐代马球考——兼述敦煌文献马球资料》，兰州大学硕士学位论文，2006 年。

打球供奉官左朋服紫绣，右朋服绯绣，乌皮靴，冠以华插脚折上巾。[1]

也就是说，宋人马球服饰以黄、紫、红三色为主，且从记载上看，不止唐人，至少在北宋时期，上层贵族对于马球运动依然有着较高的参与度。宋代马球承继自唐，从宋人的记载中，我们或许能对唐代的马球场景有一定了解。宋代皇帝开展马球活动一般在三月左右，选定马球场地后，有关人员便会下场清除杂草，而后于东西两方向竖球门。球门高丈余，顶上刻有金龙纹样，底座则为石制，刻莲花纹。球门旁边有唱筹官（即计分人员），手持红旗。除上场击球人员外，两侧球门分别派人守门，比赛形式与今天的许多球类运动相似。比赛尚未开始时，教坊需在场外奏《龟兹部》。参赛马匹均束马尾，以便快速行动。而当皇帝亲自参与马球活动时，教坊要奏《凉州曲》以作助威。若皇帝打进一球，音乐暂停，场边观众山呼万岁。[2] 彩球

① 《宋史》卷121《礼二十四》，北京：中华书局，1977年，第2841页。
② 《宋史》卷121《礼二十四》，北京：中华书局，1977年，第2841页。

跃飞，如加羽翅。

作为竞技运动，碰撞在所难免，因此，上场人员多以面具护脸。比赛过程中，亦不可以球杖击人。但这也不能保证参赛人员一定无伤，若遇到坠马，或者马匹翻倒的情况，球员便只能自求多福。这毕竟是上百斤的动物，压到身体，不死也伤。可这潜在的危险并不能消解唐人击球的热情。走狗放鹰，飞驰球场，这是富有激情的娱乐活动，更是武德丰沛的表现。唐代喜好马球的皇帝很多，留下的故事也不少。《封氏见闻记》载，唐太宗常至安福门，某日，他对身边的侍臣说："我听闻西蕃人好打马球，我也参加过这项活动，昨天升仙楼有西蕃人在比赛，我想他们一定是觉得我钟于此事，故意为之。我即为皇帝，当注意言行，我已将球杖等物焚烧殆尽，以此为戒。"①

玄宗相比太宗，更精于此道，亦是《封氏见闻记》所载，景云年间，吐蕃派遣使者前来迎娶金城公主。中宗便在梨园亭举办马球赛。几场对决下来，吐蕃皆胜，于是中宗便命令时为

① （唐）封演:《封氏见闻记》卷6《打球》，北京：中华书局，2005年，第53页。

临淄王的玄宗、虢王邕、驸马杨慎交、武秀四人迎战。“玄宗东西驱突，风回雷激，所向无前。”[①]大胜吐蕃马队，中宗甚悦。在玄宗登基之后，依然保持对马球的热爱，“数御楼观打球为事”。玄宗对马球运动的倡导，致使上层之中对马球运动追求更甚。有人痴迷此项运动，哪怕夜深，也要点烛击球。《资治通鉴》曾记载，杨行密之子杨渥喜好马球，在球场外摆放蜡烛十圈，以作照明，方便夜里打球，而他所用的蜡烛，一支便价值数万文。[②]

唐代马球运动并不是文官或者武将的专属，二者均参与其中，军队之中亦常有马球活动。军中多马，闲暇之时，便以马球为乐。每逢冬日无事，朝廷便会在临潼地区举行大规模马球表演。所以，在娱乐之外，马球活动实际上也是军队演练的一部分，自太宗开始，为抵御突厥袭扰，唐廷便重视对骑兵力量的训练，马球则是提高骑马作战技能的好方式。[③]在唐代的两宫

① （唐）封演:《封氏见闻记》卷6《打球》，北京：中华书局，2005年，第53页。

② （北宋）司马光:《资治通鉴》卷226《后梁纪一·太祖开平元年》，北京：中华书局，2012年，第8667页。

③ 林琳:《唐宋军队的马球运动》,《文史杂谈》，2002年第2期，第70页。

宿卫中，便有许多技艺精湛的马球手，他们时常陪同皇帝打球，或为皇帝进行马球表演。马球运动与游猎一样，成为不少京城子弟的上升道路。

不过，马球运动耗资颇多，养马已然成本较高，球场的维护亦花费不小。据《新唐书》记载：

是时，起球场苑中，诏文武三品分朋为都，帝与皇后观临，崇训与驸马杨慎交注膏筑场，以利其泽，用功不訾，人苦之。①

此处说的“膏”，指的是动物油脂，因打球之前需除草，为防止尘土飞扬影响比赛效果以及观赏性，故而需在打球之前以油脂浸润土地。与贵族们相比，寻常百姓的球场便朴素许多，多为长草的空旷地带。

而在京城之外，普通士兵与马的故事，并不热血。府兵制度之下，除军马外，士兵需要准备的随身物品及折冲府配备的

① 《新唐书》卷206《外戚》，北京：中华书局，1975年，第584页。

"队具""火具"。《新唐书》记载:"凡火具乌布幕、铁马盂、布槽、锸……队具火钻一、胸马绳一、首羁、足绊皆三;人具弓一,矢三十,胡禄、横刀、砺石……麦饭九斗,米二斗,皆自备。"[①]粗略计算,需有士兵自备或队火自筹的物品有三十余项,其中并不包括战时用马。另,唐代府兵所购驮马,不由市场定价,而是由官方定价,每匹约两万五千钱。[②]不少士兵在重压之下,不得已靠借贷度日。唐廷对于马场的经营,为远征提供足量的战马,同时,带来马球运动的流行,但对于普通民众来说,无论是马还是马球,都不是日常消遣。

唐亡以后,马球运动并未消失,宋辽金三代均有马球活动,直至南宋时,北方草场丢失殆尽,需自川滇等地以茶马贸易购进马匹,马球运动随即销声匿迹。

今人提起马,多想到一望无际的草原,天苍苍,野茫茫,风吹草低,牛羊如云,马似流潮。养马自然需要丰富的草料、开阔的场地,自秦至唐,北方地区一直是我国重要的马匹养殖

① 《新唐书》卷56《兵志》,北京:中华书局,1975年,第1325页。

② 参见孟宪实:《论唐代府兵制下的"六驮"问题》,《中国史研究》2018年第3期。

基地，而这些地方产出的军马，或跟随军队的脚步徙往登楼不得见的远方，或运至内地，成为运输寄信的主力军。唐人的马球运动，它的兴起得益于唐廷对马政的重视，以及几十年的马场经营。在草原与沙场之外，骏马仍然发挥着它的敏捷属性，人们痴迷于它的神俊，依靠着它，在没有硝烟的地方建立功业。骏马与海东青，一道成为唐帝国卓越武功的重要拼图。人们在球场上挥洒汗水，回忆着逐渐远去的峥嵘岁月。

二、楚王葬马：合理饮食很必要

马是一种善活动的动物，养它的时候别光想着喂，还得让它多跑跑。

春秋时，楚国君主楚庄王有匹爱马，食必以枣脯，住必以华屋，身上的披挂之物也需绣上花样，可谓荣宠。但也就是这样一匹马，最后竟肥病而死。[①]

楚王喂马所用的枣脯，是由鲜枣制成的果干，在先秦时，亦非寻常人家可以享受。果干不比草料，糖分高、纤维少，人若将其当作零食，多吃还有积食的风险，而楚王则将枣脯当作骏马的饲料，其热量可想而知。皇室豢养骏马，专供宗室成员使用，养马地自然不能距皇宫太远。推测之下，养马区域亦不

① 《史记》卷126《滑稽列传第六十六》，北京：中华书局，1959年，第3200页。

如专业马场开阔，如此，则楚王爱马每日的运动量也不如寻常马匹。肥病而死，盖非虚言。生命在于运动，楚王养马是一个鲜活的反例。

关于这位君主，相关典故颇多。在位三年，不问朝政，得伍举一言，抖擞精神，一鸣惊人。可以说，楚庄王在春秋时期的一众霸主中，是相对幸运的一个，比起齐桓公、晋文公等在外流浪十余年的君主，熊侣拿的是较为轻松的剧本。筚路之时已过，楚国再非南方的“蛮夷”小国。自熊绎之后，楚国不断吞并周围小国，实力壮大的同时，也引起周天子不满。周昭王五十一年（公元前1002年），昭王率兵南征，过汉水，一路高歌，却在二次进攻江汉地区时遭遇不测，史书记载：“昭王南征而不复。”[①] 亦从此时起，楚人不再执着于获得中原王朝的认可，转而寻求楚人自己的发展道路。纵观春秋战国时期的各国文化，楚文化独树一帜，浪漫清奇，与中原文化承自一脉，却也风格鲜明。而后平王东迁洛邑，楚文王趁此攻占申、吞、息三国。

---

① 郭丹等译注：《左传·僖公四年》，北京：中华书局，2012年，第331页。

其与东周王朝，有君臣之名，却少君臣之实。如此行为，经过千百年演化，成为今日湖北方言中的一个词——“不服周”。文王吞并三国的目的，除宣称“不服周”外，还有实际影响。此战将今河南南阳、淮河上游以北区域纳入楚国疆域，随之而来的是良马和丰沃的草场。

说来遗憾，楚国虽有自强不息之心，但意志始终无法改变楚地少马的事实。我国南方在春秋以前并非传统产马区，当时的主要马种——三门马大部分生活在河南、河北、山东、山西等地。[①] 南方用马，多依靠贸易互市。对历史熟悉的人应当知道一个词，“千乘之国”。该词多用以形容国力昌盛，其中的“乘”指的是战车，而在以畜力为主的时代，战车需要靠马匹驱动。由此亦可说，在古代，一国所养马匹数量，直观地反映出其军力与国力。欧阳修就曾评价道：“马者，国之武备，天去其备，国将危亡。”[②] 楚文王的胜利，使得楚国就此摘掉“贫马国”的帽

① 张君:《楚国养马初探》,《湖北大学学报》(哲学社会科学版)，1988 年第 3 期，第 98 页。

② 《新唐书》卷 36《五行志三》，北京：中华书局，1975 年，第 952 页。

子。至鲁庄公二十八年，楚令子元伐郑，战车便有六百乘。[①]楚国养马业发展到庄王时，国有马匹数量比及成王，应当只增不减。如此实力，楚国争霸便有了底气。公元前597年，晋楚邲之战，楚国大胜，庄王一举奠定霸主地位。而9年以前，周定王派王孙满使楚，庄王借机问鼎轻重，史称“问鼎中原”。至于那匹过肥而死的骏马，则更像是楚国称霸之路上的一个插曲。这位守成之君在位二十三年，未曾辜负祖宗基业，光影略过，他留给其子共王的，是一个万乘之国。

楚人养马史，与其奋发史紧密相连，而在北方，中原人养马的历史，则与那条纽系东西的通道有着千丝万缕的联系。正如前文所言，我国北方地区，是传统产马地，其中又以河西、关陇、幽燕三处最为出名。此三地具备大片开阔地，水草丰茂，适宜养马。秦人先祖秦非子便因为周孝王养马有功而获封秦地。悠久的养马历史催生出完整的养马体系。早在西周之时，我国便设有专门的养马官员，名为“趣马”，主要负责“正良马，而

① 《左传・庄公二十八年》，第276页。

齐其饮食，简其六节”。[①]简言之，趣马的主要工作是正确喂养、调教良马，调节饮食，观察它们的生活状态。针对马匹的异常情况，周王室亦配备专业兽医——巫马对症下药，“巫马掌养疾马而乘治之，相医而药攻马疾。”[②]对于万事都讲究的周王室而言，马作为六畜之一，自然也不能怠慢。每年春季，需祭拜马祖。活动内容有二：一是将马驹牵离母马，使其断乳，二是将经过挑选的马献于周王。夏季则要祭祀先牧，并将公马与母马分开喂养；秋冬亦有祭祀，活动大致相同，均为挑选优秀的御马人。[③]复杂的饲养过程突显出马在古人生活中的超凡地位，而自秦以后，中原王朝与匈奴的长期战争，更对中国古代的养马历史产生深远影响。

秦末，冒顿单于继位，匈奴于北方草原迅速发展。公元前200年，刘邦发三十二万大军欲击匈奴军队于代谷。先锋部队探查之后，直言其中有诈，刘邦不听，贸然领兵进平城。主力

① 《周礼译注·夏官司马第四·趣马》，上海：上海古籍出版社，2004年，第475页。

② 《周礼译注·巫马》，第476页。

③ 《周礼译注·校人》，第474页。

部队未至，匈奴冒顿单于以四十万精骑围困高祖于白登山，史称白登之围。后谋士陈平以重金贿赂阏氏（单于之妻），方将刘邦迎回。自此起，汉廷与匈奴时战时和。为解决肘腋之患，景帝号召民众养马，并推出一系列扶持政策。据《史记·平淮书》记载：

天子为伐胡，盛养马，马之来食长安者数万匹，卒牵掌者，关中不足，乃调旁郡。[①]

汉廷所得马匹甚多，致使管理人员不足，需从其余郡县调拨。自民间购马并不能很好地解决汉廷的用马需求，于是，景帝之时，汉廷便开始经营马场，在西、北边郡设置牧苑三十六所，分别养马三十万匹。至武帝反击匈奴时，能供朝廷调用的马匹，数至百万匹。

但故事的重点并不在此，让我们把时间调回反击之前。武

① 《史记》卷30《平淮书第八》，北京：中华书局，1959年，第1425页。

帝知匈奴势盛，单以大汉一己之力，恐难支撑战争之需，又听闻在敦煌、祁连一带居住着名为“大月氏”的部落，武帝欲联大月氏共击匈奴。建元三年，张骞率众西行，寻找大月氏。出发后不久，张骞等人途经匈奴管辖区域，遭俘。十年后，张骞逃出匈奴部落，西行至大宛，经康居，抵达大月氏。但此时，距离大月氏被匈奴灭国，已有五十余年。

张骞西行的意义并不在此。在其路过大宛时，曾见到一种良马，史载“（大宛）多善马，马汗血，其先天马子也”。[①]是的，张骞出使西域，为汉廷带回了汗血宝马。而在大宛马之前，乌孙马一度是武帝的心头好：

> 初，天子发贸易，云：“神马当从西北来。”得乌孙马好，名曰“天马”。及得大宛汗血马，益壮，更名乌孙马曰“西极”，大宛马曰“天马”云……而天子好宛马，使者相望于道。[②]

---

① 《史记》卷 122《大宛列传》，第 3160 页。

② 《史记》卷 122《大宛列传》，第 3170 页。

为“西极”“天马”两种绝世良马，武帝还亲自作诗，名为《西极天马歌》，其诗写道：

天马徕从西极。经万里兮归有德。承灵威兮降外国。涉流沙兮“四夷”服。

远服之气象，流露其间。隐患既消，汉朝于河西地区设置河西四郡，分别为敦煌、张掖、酒泉、武威。张国臂掖，纳迎四方，连接东西的千年古道，就此畅通。也就是在这条路上，汉使为天马带回了草料。据《史记·大宛列传》记载：

宛左右以蒲陶为酒，富人藏酒至万余石，久者数十岁不败。俗嗜酒，马嗜苜蓿。汉使取其实来，于是天子始种苜蓿、蒲陶肥饶地。及天马多，外国使来众，则离宫别观旁尽种蒲陶、苜蓿极望。①

① 《史记》卷122《大宛列传》，第3173页。

皇室为饲养自西域引进的天马，在离宫别馆遍植苜蓿，待到外国使者前来之时，苜蓿已长得极为茂盛。

与一般牧草相比，苜蓿具有更高的营养价值，蛋白质、维生素、矿物质的含量更高，且产量高于一般牧草，耐寒耐旱，对环境适应力较强。因此，自西汉引进苜蓿之后，苜蓿草便长期作为国营马场的主要草料，在我国北方大面积种植。《新唐书》记载："八坊（即唐朝的八大马场）之田，千二百三十顷，募民耕之，以给刍秣。"[①] 此时的骏马吃的虽然不是枣脯这种精致食物，但却是更适合它们的苜蓿草。在改变食谱的同时，古人对骏马的饲料投喂量也作出了严格规定。《唐六典》记载，凡是官方饲养的马，每天投喂粟一斗、盐六勺，另外还要搭配青草。[②] 清人李南晖所著《活兽慈舟》则记载更为详细，其文写道，养骡马之类的动物，草料必须均衡，每天喂食三次、喂水

---

① 《新唐书》卷50《兵志》，北京：中华书局，1975年，第1337页。

② 李林甫等撰：《唐六典》卷17《太仆寺·典厩署》，北京：中华书局，1992年，第484页。

三次即可。午间草料需少喂，傍晚将马牵回厩房后，反而要多喂，夜半之时，还要多加草料，待马腹微鼓方止。[①] 所谓马无夜草不肥，说的应当就是这个意思。喂马所用草料，也不是随意割下即可，割来的草料要用铡刀切细，用筛子筛去土块石粒。喂马的草料最忌掺杂兽毛、粪便等物，喂食之时一定要去除干净。[②]

说完饲养的事儿，还是得聊聊运动。古人养马多为作战，除此之外便是信息、物品传递。公用之外，则有马球一类的体育竞技活动。该活动要求人马合一，配合无间，急奔疾走，俯仰穿飞。人要了解马的脾性，马也要明白人的意思，若能达到此境界，便当无往不利。疆场之外，仍有越驰。肆意畅快，即使知其惊险，还要一试。如此豪情下，马在寓意上也有所突破，两汉之时，世人多用宝马代替军功，而至唐代，马则多出力量、速度、吉祥等象征意义，“飞黄腾达”“龙马精神”等成语应运而生。在此之外，还有一事值得一提，那便是马术表演。唐朝

---

① （清）李南晖：《活兽慈舟・马》，成都：四川人民出版社，1980 年，第 290 页。

② 《活兽慈舟・马》，第 290 页。

时，有位小将，擅长马术表演。他常用剑刃编成榱栋之状，而后骑小马，从剑刃之间飞驰而过，踏蹄声震，剑刃亦同振共鸣，表演过后，人与马，俱无伤。[①] 如此兼具观赏性与技术性的表演，自当受人欢迎，此小将抑或因此多受嘉奖。同时期的宣武军中也有会这一技能的小将，但某日表演之时，风起马惊，表演失误，人马俱亡。同人不同命，惊险之事，还是少尝试为好。

唐朝之后的马术表演，危险系数降低，但观赏性有所提升。《东京梦华录》曾记载，皇帝驾临宝津楼，诸军将士为其呈百戏，其中便有马戏一出，表演者或驾马射箭，或只身于马背翻腾，或立或跳，花样达数十种，又有“飞仙膊马”“镫裹藏身”等技艺。表演者中还有女童数十人，束发如男子，身着杂色锦绣，佩饰绮丽，香气袭人。呈艺者由中贵人（宦官）带领，列队楼前，鼓声一响，便一齐下马，礼拜皇帝，行为如男子。[②] 需要指出的是，因时局变动，至两宋时，主要产马区已大多不在

① （唐）赵璘撰:《因话录》，上海：上海古籍出版社，1979 年，第 112 页。

② （北宋）孟元老:《东京梦华录》卷 7《驾临宝津楼诸军呈百戏》，北京：中华书局，2006 年，第 689 页。

两宋朝廷管辖范围内。日常用马成为宋廷急需解决的问题，王安石改革曾提出“保马法”，即号召群众养马，但新政实施过于坎坷，此法也未得到有效推行。两宋用马，大多依靠贸易，自西北、西南等地引马，以解急需。

如前文所言，马在古代是重要的战略资源，马匹存量的多少代表着一个国家的国力强弱。因为马在战争、运输中的突出作用，历朝历代都将马政作为施政的重点。亦是在此过程中，古人逐渐对马匹的生长习性产生深刻认识，总结经验，规避风险。良马在得到悉心培育的同时，古人亦骑上马背，穿越山河险阻，将不同区域的人紧密相连。

三、我们今天不养猫狗，养大象

公元前1000年，周成王登基。此时距离周朝的建立还不到五十年。被周人战胜的商人不甘屈于周人之下，他们野心勃勃，试图发动一场战争以夺回他们昔日的统治，于是商人役使大象在中原以东作乱。那时，自然与人类社会的分野并不像现在这样分明，农田以外是各色动物的天地，人们居住在田间，却与一夕便能推倒木质结构房屋、毁坏仅靠人力种植的作物的虎、豹、犀、象共生。

商人乘着大象在田野间行走，轻易挤开栅栏，无数庄稼填饱了大象不得不持续数小时进食的胃，剩下的作物被碾碎在大象的脚下。周成王的叔公周公旦派遣军队把商人与巨兽驱逐到如今被称作“江南”的区域。周公旦作乐曲“三象”庆贺这一胜利。[1]

这是《吕氏春秋·古乐篇》中对“三象乐”来历的记载，也是我国现有最早驯服大象的记录。

到春秋时期，争霸战争中依旧可以看到大象的身影。公元前506年，吴攻楚，吴军直逼楚国都城郢都，楚昭王携亲眷仓皇渡河出逃，吴军紧随其后。为摆脱追兵，楚昭王命人于象尾点火，使大象受惊，并冲向吴军，希望借此抵挡吴军势力。《左传》并没有记录这一战的具体结果，但按此后记载来看，吴军入郢都，且按官爵尊卑入住宫室，大象似乎没有取得楚人预想中的胜利。

从三象乐到火烧象尾，说的都是一群人与一群大象，然而历史总是在意想不到的地方反复诉说曾经的故事。与大象南退一道显现的，是史料中有关战象的记录越来越少。但这并不代表大象在历史舞台中就此退场。

那个耳熟能详的寓言故事便是体现。天才少年曹冲的灵光

① 陆玖译注:《吕氏春秋·仲夏纪第五·古乐》，北京：中华书局，2011年，第154页。

一现，使得大象在刀剑横飞的三国时代也拥有了一个瞬间。这位少年，在科技尚不发达的时代，利用等量换算的原理解决了质量超一吨物体的称量问题。但“曹冲称象”的故事展现的，不仅仅是一位少年的光彩过往，《三国志》记载，该象是孙权送予曹操的礼物，既然能被当作礼物相送，则说明，大象对于曹丞相而言，亦是不可多得之物。曹操虎踞中原，孙氏雄霸江东，如此观之，至少在三国时期，大象于河北已难觅踪迹，得追至江东才能见层林螺丘间的庞庞身影。而此时，距离春秋结束，不过千年。

究竟是什么原因促使大象不断南下？

气温与降水，是影响植被类型的主要因素。以山地地形为例，海拔越高，气温越低，降水越少。因此，越靠近山顶，叶片越窄，且枝叶稀疏；离山脚越近，则植被茂盛，且普遍叶片开阔。将此模型图剖开展平，同样适用。若将赤道比作山脚，则与赤道相隔越近，水热条件便更好。

气候影响植被，植被则与生活在其间的动物息息相关。大象的进食量、饮水量俱大，并且对环境的变化十分敏感。春秋战国以后，东亚区域气候越发寒冷，进而导致大象的生存环境发生巨大变化，阔叶植被减少，河水流量骤降。同时，人类的生存范围不断向外扩展，开始对原本相对封闭的山林进行开发利用，适于大象生存的森林面积逐渐缩小。多重因素作用下，中国北方的野生大象逐步向南方退去，从长江以北退居西南一隅。

大象退至南方，逐渐远离华夏文化核心区域，但祸兮福所倚，与中国相邻的东南亚、南亚地区仍保有广袤的亚热带雨林，为大象提供了较为稳定的栖息地。且该地区佛教昌盛，其本土文化中对大象的崇拜，也使得大象的生存得到非比寻常的重视。

相传，古印度的一位贵妇人摩耶在酣眠中曾见到菩萨乘着象而来。此象色白，生有六牙，它自摩耶夫人的右胁进入腹部，令她感到身心舒畅。醒后，夫人惊觉有孕，同时再不受人间诸事烦恼，断绝一切贪欲恶念。按照古印度的风俗，怀胎十月之时，夫人应回到故乡分娩。途经蓝毗花园时，夫人下轿至花园休息，园中有无忧树，郁郁葱葱。夫人为其吸引，便走上前，感其苍勃荣盛，不禁伸手抚摸树枝，神气相应，于树下诞下一子。七日后，夫人驾鹤西游，升入忉利天。而其所生之子，名为乔达摩·悉达多，日后顿悟于菩提树下，世人称其释迦牟尼。自此故事亦可见，象在佛教中的重要地位，且寓意着富贵吉祥。有此传闻，自然也是源于古印度悠久的养象、驯象传统。大象的庞大身形与无穷力量，是其能为凡人供奉的主要原因，而其与其他动物相比显示出的超高智商，亦为它的神异增光添彩。于佛教之后，成形于公元2世纪的印度教，亦将大象作为神祇之一，取名迦内什，乃三大主神之一的湿婆与雪山女神帕尔瓦蒂之子，主管智慧与财富。大象在印度文化中极为重要，常与莲花一类的吉祥符号一道出现，因此，在古印度与古代中国的交往中，大象时常作为一种象征着两国和平的贡品献于中国。

唐时，来自亚洲热带地区的大象走进皇家林囿，成为彰显皇家威仪的仪象、娱乐表演中的斗象，在皇家宴会中，也有关于象舞的记载。

唐玄宗对这些庞大危险但在训练后却温驯的动物很是喜爱，史料中亦有不少玄宗设宴时的宫廷大象表演的记录。华灯初上，玄宗宴请诸卿。热爱舞乐又颇具才华的皇帝想在宴席中分享艺人驯象的成果，便叫五坊使引导数十头一丈高的巨兽走到宴席中。巨兽皆着金络脑，身披斑斓锦缎，几近垂地的鼻子如人手般灵活。宫人身着彩衣，迅速且安静地从帷幕后走出，安坐其位，击鼓弹琴，传统中原乐曲中竟隐隐有龟兹旋律，此曲名为《秦王破阵乐》。乐声已起，须有舞者作陪。象随鼓乐，或舞或拜，摇尾屈膝。①

在唐代，被驯养的大象是东南亚诸国献给大唐皇帝的礼敬。亚洲象两至三米高，最重可达六吨。它们体形巨大，却驯顺至此臣服于天子，又是来自异域的奇珍异兽，是宫廷豢养的兽类中最适合用以彰显唐朝开放与威严的"使者"。诸藩国进入唐进行贸易的官方通道共有七条，其中有四条从西域或南海出发最终抵达帝国都城，分别是从中受降城入回鹘道、安西入西域道、安南通天竺道、广州通海夷道。②每条路都悠长且艰难，以当时的运输能力，除海路运输外，没有其他交通工具可承担运输陆上最大动物的重任。这也就意味着，如果贡象队伍要从南海或

① （唐）刘恂：《岭表录异》卷上，广州：广东人民出版社，1983年，第10页。

② 《新唐书》卷43下《地理志七下》，北京：中华书局，1975年，第1146页。

西域前往长安，便只能由使节与大象步行万里跋涉抵达。

大象，象征着野性与尚未被人知晓的自然力量，同时聪慧而通人性，又是异邦不远千里带至长安的珍奇异兽，是一个国家昌盛的象征。

在唐代，与饲养宫廷禁苑中其他动物一样，大象有专人喂养。一头象抵达长安后，要先在鸿胪寺进行登记，之后带着它们入朝堂面见天子与众臣，得到圣人认可，才安排大象以及随行的饲养者进入相关的宫苑机构。一套流程走完，外邦贡象才算获得大唐长期居留证。至于随象而来的驯象人，他们大多会选择留在大唐照顾与他日夜相伴的大象，与他们相比，唐廷派遣的专员，往往不尽周全。万物有灵，寻常旧物尚能叫人舍去不得，更别说大象这样聪颖灵动之物。

一般来说，一头大象需安排两名专员照顾，每天给大象喂六捆蒿草，稻、菽各四十斤左右，盐四五斤。唐代长安的气候较如今更温暖，尽管如此，冬日的温度却并不宜象。寒冷的冬日威胁着这些来自亚热带、热带的生命。为此，人们甚至要以羊毛做毡，给大象披上才能帮助它们过冬。[①]

安史之乱，兴衰之分，豢养在宫苑中的大象，亦不能疏难，无可避免地被卷入李唐的命运旋涡中。喂养一匹供给皇室的马，花费尚且巨大，大象体形巨大，喂养成本只高不低。[②]从初唐直到天宝前期的中唐，宫廷舞乐中总能看到大象的身影，以文单国为主的西域等上贡几十头大象，它们如百年前的同族一样行走在黄河以北，居住在皇帝的庭院中。此时唐王朝国力强盛，如同行于静海的大船，船上载着几头大象并不影响它的行驶。渔阳鼙鼓动地来，公元755年安史之乱爆发，安禄山的铁骑踏破京城，曾野心勃勃如今却昏聩年迈的唐玄宗匆匆出逃，这艘名为“唐”的大船驶入暴风雨之中，几乎被烈风撕碎。

权力的更迭本与动物们毫无关联，但豢养在宫苑中的巨兽们在角逐权力的人眼中却有了别样的形象。当国家财政状况不佳时，君主会通过摒弃宫苑中饲养开销巨大的动物以及暂停接

---

① 李林甫等撰:《唐六典》卷17《太仆寺·典厩署》，北京：中华书局，1992年，第484页。

② 吴宏岐、党安荣:《唐都长安的驯象及其反映的气候状况》,《中国历史地理论丛》1996年第4期。

受其他国家赠予或敬献的动物等行为以展示节约与英明。永徽年间，高宗就曾因不愿“厚资养猛兽”表示将不再接受被赠予的狮子。安史之乱后，唐不再是那艘乘风破浪的大船，它再承载不住曾在宴会中起舞的大象，于是在779年，德宗将宫苑中最后的三十二头大象全都遣送至荆山（今湖北今县一带）放生。德宗以后直至唐朝灭亡，皇室便很少再收到外国进献的大象，即使进贡，也因无力豢养而退回。

公元前900年左右，大象开始从黄河一线逐渐退至长安，至公元1050年，即北宋仁宗皇祐年间，福建一带还能看到野生象的行迹，到明景泰年间，便只有广西、广东、云南三地还有大象活动。而时间来到清末，大象再次向西南地区移动，唯有四川、云南二地，还有大象生活的记录与见闻。中国大象，穿过长江，从北方退居西南，唐代贡象自更远处来，一步步盖上同类的脚印，将曾经的故事重演，走向北方，走到千百年前它们的同类生活的地方。它们也没有在那里生活很久，与它们之后的同伴一样，也慢慢消失在黄河以北，甚至消失在长江以南。[①]

大象的逐步南移，深刻反映出以千年为单位的气候变化中，华夏大地的自然环境演变，亦受此变化影响，中国的本土象种渐渐淡出人们的视野，更鲜少衍生出与其相关的文化。不过，这种缺位也不是遗憾，并非只有与人类日常生活紧密相关的动物才值得被人们记住，将它们放归自然亦是一种关注。历史的魅力亦在于此，即使千年已过，相见不识，但你来过，而且，我记得。

① ［美］托马斯·R. 特劳特曼：《大象与国王：一部环境史》，北京：天地出版社，2023年，第20页。

四、沙漠中的“麒麟”

麒麟者，祥瑞也。逢凶化吉，遇难呈祥。夫西极之地，流沙之海，亦有“麒麟”。其名骆驼，踏沙乘风，凭此可以横渡。从罗马到长安，商队跟随骆驼走过帕米尔高原，互通有无、交流文化，骆驼不仅是沙漠之舟，更是和平与友好的桥梁。

今日的人们谈及骆驼，多想起西域三十六国，顿觉遥远。在认识西域三十六国之前，我国的先民便已认识了骆驼，早在二十世纪八十年代，古生物学家便在我国山西、河南、北京周口等地发现过巨类驼化石。殷商时，我国北方先民便以骆驼作为贡品，进献商王。据《逸周书·王会解》记载：

> 正北空同、大夏、莎车……请令以橐驼、白玉、野马……

为献。[①]

骆驼耐寒、耐旱，其背有驼峰，内含大量脂肪，能为骆驼提供日常所需能量与养分，多分布于草原及沙漠边缘地区。骆驼耐力极好，能跋涉远行，亦常被当作运输主力，穿梭于草甸之间。因其特殊的生活环境，骆驼在中国古代并没有得到大规模养殖，只分布于我国北方地区。至战国，也只有燕代等地畜养骆驼。战国纵横家苏秦曾为赵王献策，分析诸国情况时就提到："燕代橐驼良马必实外厩。"[②]从他的描述可知，燕代等地的骆驼养殖技术在战国时已有所提升，不再是散养放养状态，而是由专门养殖人员负责。

至于大规模养殖，还是我国北方游牧民族比较擅长。《史记·匈奴列传》记载："唐虞以上有山戎、猃狁、荤粥，居于北边，随畜牧而转移。其畜之所多，则马、牛、羊。其奇畜，则

① 黄怀信注:《逸周书校补注译·王会解五十九》，西安：三秦出版社，2006年，第333页。

② 《史记》卷69《苏秦列传》，北京：中华书局，1959年，第2261页。

橐驼。"[1] 从太史公的记录中可知，北方游牧民族逐水草而居，多养马、牛、羊等家畜，骆驼稍少于前三种。且至西汉时，骆驼对于中原王朝来说，已是"奇物"，证明此时汉地的骆驼存量也极少。但汉廷仍为骆驼设置养殖专员，据《汉书·百官公卿表》记载：

（太仆寺）又龙马、闲驹、橐泉、騊駼、承华五监长丞……又牧橐、昆蹄令丞，皆属焉。[2]

而骆驼真正发挥其运输能力，则要等到李广利征大宛时期。汉通西域，得大宛、乌孙等地良马，因与匈奴作战耗费颇多，良马供不应求，故武帝采纳张骞之言，派遣使臣持千金前往大宛，欲向大宛市马。大宛国王不与，汉使遂出言辱宛王，宛王怒而杀汉使，并掠其财物。武帝知晓此事，随即以贰师将军李

① 《史记》卷 110《匈奴列传》，第 2879 页。
② 《汉书》卷 19《百官公卿表上》，北京：中华书局，1999 年，第 615 页。

广利为帅，发兵十万伐宛。[①]初次出征，路途遥远，汉军供给不足，还师敦煌。太初三年（公元前102年），武帝命李广利二次伐宛，此次汉军准备充足，“赦囚徒材官，益发恶少年及边骑，岁余而出敦煌者六万人……牛十万，马三万余匹，驴骡橐驼以万数。”[②]此次结果自不必多说，大军压境，大宛贵族杀国王，又献天马求和。自此，汉与西域诸国往来愈多。河西地区为来往使者设置驿站，供给粮草，至成帝时，都尉郭舜曾上书称：“敦煌、酒泉小郡及南道八国，给使者往来人马橐驼食，皆苦之。”[③]亦可见两地交流之频繁。

商路通达，边境安宁，商机随之到来。汉地商人驱赶骆驼，自长安沿渭水西行，过河西走廊，出敦煌，朝罗马城进发。他们走过的路，被后人称为“丝绸之路”。丝绸之路虽因丝绸得名，但所贩物品却不止于丝绸，金银铁器、农产品、日用品无所不包。而远道而来的西域商人，则为中原带来了葡萄、石

① 《汉书》卷96《西域传第六十六上》，第2870页。

② 《史记》卷123《大宛列传》，第3176页。

③ 《汉书》卷96《西域传上》，第2869页。

榴、黄瓜等新作物，还有药材、香料、珠宝等名贵之物。丝绸之路自玉门关、阳关出西域后有南北两道，南道出敦煌后，向西南至阳关，经楼兰沿昆仑北麓西至于阗，后过葱岭，经大月氏、安息，最后抵达罗马；北道则由敦煌向西北出玉门，经车师，沿天山南麓西行，经龟兹、疏勒、大宛、康居等地，到达罗马。[①]不过，当中国商人抵达罗马之时，他们会发现，有人竟比他们早来一步。张骞对武帝讲述自己在西域的见闻时曾提到：

臣在大夏时，见邛竹杖、蜀布。问曰：安得此？大夏国人曰：吾贾人往市之身毒。身毒在大夏东南可数千里。[②]

张骞说的“身毒”，位于今日的印度境内，是印度河流域古国名。与身毒人做生意的，正是我国西南地区先民。因此商路始自四川，故此道也被称作蜀身毒道，今人亦称其为南方丝绸之路。与北方丝绸之路相比，蜀身毒道形成时间更早，可追

① 贺新民、杨宪孝:《中国骆驼发展史（上）》,《农业考古》，1981年第1期，第98页。
② 《史记》卷123《大宛列传》，第3166页。

溯到春秋时期，此路以四川为起点，经云南昭通、曲靖、大理、保山，进入缅甸、泰国，后至印度，而后再由印度北上至中亚，最后西行至地中海沿岸。

时间来到南北朝。汉末以来，党锢之祸，董卓乱国，中原十八路诸侯共讨之。赤壁之战，三足鼎立之势已成。华夏大地久经纷乱，各方势力自顾不暇，河西地区时复时陷。八王之乱，晋室南渡，故国之土只可望于北固。驼铃之声，久不闻于中原。然此时的北方地区，一支势力异军突起。其人族号拓跋氏，属鲜卑一脉，公元4世纪初于今山西西北部、内蒙古中部建国，为前秦苻坚所灭。十年后，苻坚率军南下，剑锋直指东晋，号称百万之师，更有“投鞭断流”的典故。东晋将领谢玄领北府兵迎战，两军战于淝水。晋军以孤胆之势冲入前秦军队，秦军慌乱撤退，死伤无数。此战名为“淝水之战”，是中国历史上著名以少胜多的案例。也就在苻坚大举南征之际，代国王拓跋珪借机复国，同年改称魏王，定都盛乐（今内蒙古和林格尔西北）。史书中“追隆周而并驱，驾炎汉而独迈”的北魏王朝自此建立。骆驼的故事也得以续写。公元439年，太武帝拓跋焘灭北凉，河西收复。于是：

世祖（拓跋焘）之平统万，定秦陇，以河西水草善，乃以为牧地。畜产滋息，马至二百万余匹，橐驼将半之，牛羊则无数。[1]

经过和平繁衍，北魏河西地区的骆驼养殖数量已达百万。而在太武帝灭北凉之前，北魏王朝已多次与西域诸国互遣使臣。太延三年当是其中最值得瞩目的一年，太武帝派董琬、高明等招抚西域九国，在其东还后，乌孙、破洛那等十六国皆遣使至北魏国都。[2] 北魏对河西地区的建设，并不只为完成天下一统的梦想，与柔然的战争，也是北魏经略河西的原因之一。柔然本出于鲜卑，是我国北方游牧民族，崛起于晋时，自北魏建立后，多次掠夺魏人财产，双方结怨颇深。河西、西域对于柔然部而言，属于大后方，若能稳固河西，则可遏制柔然势力向西发

① 《魏书》卷 110《食货志》，北京：中华书局，1974 年，第 2857 页。

② 《魏书》卷 102《西域传》，第 2260 页。

展。[①] 亦得益于北魏对河西地区的重视，一度消沉的丝绸之路，再次焕发生机，西域商贾云集敦煌，河西边郡一时成为东西经济、文化交流中心。

伴随使臣、商队一道而来的，是灿烂的佛教文化。北魏建立之初，定都盛乐，公元 398 年，道武帝拓跋珪迁都平城（今山西大同）。至孝文帝太和十七年迁都洛阳止，平城作为北魏国都，共 96 年。而这近百年时间被后人称作“北魏平城时代”。值此时期，北魏政治昌明、国家安定，为亚洲盛国。使臣、胡商相继来朝，信仰佛法的僧人伴随驼铃声，穿越沙海，至汉地弘法。北魏君主，或出于信仰，或为凝聚民心，普遍信仰佛教，在国内大修庙宇，规模盛大，瑰丽华美。高官贵族尽学释法，施舍供养。北朝佛教之盛，前所未闻，相较于后世萧梁崇佛，有过之而无不及。[②] 而河西作为北魏与西域交流的前沿阵地，佛教在此留下的痕迹，可谓绚烂至极。麦积山石窟、莫高窟便是

① 王银田:《丝绸之路与北魏平城》,《暨南学报》（哲学社会科学版）, 2014 年第 1 期, 第 142 页。

② 严耕望:《魏晋南北朝佛教地理稿》, 上海：上海古籍出版社，2007 年，第 107 页。

其中代表，飞天壁画更是其中标志。

飞天，意为飞舞的天人，是敦煌壁画中常见的题材。从现存壁画来看，麦积山石窟中的飞天受西域、印度两地影响，上身半裸，动态感较强。[①]而莫高窟中的飞天，则是西域、中原风格融合的产物，眉眼秀气、身姿灵动，匀称且修长。

一片繁荣之下，自然少不了骆驼的身影。西域深处内陆，每年自太平洋吹来的东南海风至此便穷尽最后一丝水汽，干旱少雨是常态。由于缺乏植被覆盖，该区域昼夜温差极大，狂风、沙暴也是家常便饭。在此情况下，能识路且耐力极好的骆驼便成为商队的依靠。据《魏书·西域传》记载：

且末西北方流沙数百里，夏日有热风为行旅之患。风之所至，唯老骆驼豫知之，即鸣而聚立，埋其口鼻于沙中，人每以为候，亦即将毡拥蔽鼻口。其风迅驶，斯须过尽，若不防者，必至危毙。[②]

---

① 钟国昌：《麦积山与敦煌石窟北魏飞天造像色彩研究》，《中央民族大学学报》（哲学社会科学版），2015 年第 4 期。

② 《魏书》卷 102《西域传》，第 2262 页。

老骆驼能预知风沙的到来，为同行之人预警。

在丝绸之路上行走的商人，族群复杂，来源颇广，其中又以粟特人最为出名。粟特，发于中亚地区，居于泽拉夫善河流域。粟特人的居住范围主要包括今乌兹别克斯坦的塔什干、撒马尔罕、布哈拉等区域。[①] 属于东西交汇之所。粟特人原本居住在祁连山以北的昭武城，匈奴西逃之际，攻陷昭武城，粟特人遂迁至葱岭，于此建国，共为九国。

其后国人亦将粟特人总称为“昭武九姓”。粟特人以善于经商闻名于世，欧阳修就曾评价其族人：“善商贾，好利，丈年二十，去傍国，利所在无不至。”[②] 但粟特人所居之地的实际情况：世业农耕并不现实，少水少雨，是中亚地区需要面临的巨大问题。行商贩运，其实是粟特人比较好的生存选择。

说完丝路上的人，再说回丝路上的出行利器。至唐代时，在一众骆驼中，出现了一个稀有品种，名作“明驼”，相传，明

① 冯敏：《唐代丝路上的胡商商队》，《西夏研究》，2014 年第 2 期。

② 《新唐书》卷 121《西域传下》，第 6243 页。

驼可日行千里。而判断这种超凡生物的标准，就是看它爬卧于地时，腹下有没有空隙。[1]有此神物，两地运输自不在话下，《杨太真外传》有载：波斯言老龙脑树方有，禁中呼为瑞龙脑。上赐妃十枚，妃私发明驼使，持三枚遗安禄山。[2]

在唐都之外，将骆驼当作寻常家畜的西域人，则研究出了“斗骆驼”。据《酉阳杂俎》记载：

龟兹国，元日斗牛、马、驼为戏，七日观胜负，以占一年羊马减耗蕃息也。[3]

斗骆驼对于龟兹人来说，不仅是年初的娱乐活动，更是一年收成的占卜活动。

与固有印象不同，五代至北宋时，虽然燕云及河西地区沦陷，但骆驼在中原并非销声匿迹。陕西、山西等地，仍有大量

---

① （唐）段成式:《酉阳杂俎》下《前集卷十六·广动物·毛篇》，北京：中华书局，2017年，第649页。

② （宋）乐史:《杨太真外传》卷下，北京：中华书局，1991年，第9—10页。

③ 《酉阳杂俎》上《前集卷四·境异》，第224页。

骆驼存在，被当地民众当作寻常家畜饲养，也是重要的生活来源。人们会采集骆驼奶制成酥油售卖，驼毛亦是献给皇帝的地方特产。另外，在五代及宋人的记载中，骆驼呈现出一种不同寻常的威武之气。先是后周显德四年，周世宗柴荣征淮南，军中有一人名李元清，其下有乡里义士，与官军同守濠州水寨。两军开战时，周军便以骆驼为先锋冲击敌军，敌军骇然溃逃。[①]这也是史书中少有的，关于骆驼参战的记载。

而另一则故事，则更具神异色彩，说是宋真宗天禧年间，有一武臣以十余峰骆驼负行囊，欲往齐州北境，时值河水减退之际，两岸杂草丛生。恰好有只老虎埋伏其中，骆驼见到老虎，随即大声鸣叫驱逐，老虎不曾见过如此情形，大骇而走。仓皇中，竟将三只幼崽遗落草中，被武臣得到，拿去换钱。[②]

以今天的眼光来看，关于骆驼的诸多奇异，大抵是因为此物不常为世人所见，不熟悉其习性，不知晓其能力，故以为奇。

---

① （南宋）陆游、马令撰，胡阿祥注解:《南唐书》卷22《归明传》，南京：南京出版社，2010年，第157页。

② （南宋）江少虞:《宋朝事实类苑》卷60《虎畏橐驼》，上海：上海古籍出版社，1988年，第787—788页。

但就本文来看，骆驼之奇并不在此。穿越沙海，运送往来，使远隔万里之人相见相知，使东西文化流动融会。骆驼以肉身之躯，为欧亚大陆两端的人们搭建桥梁，这才是第一等奇。和风见谊，沙海涌金，天人亦不能为，而沙漠“麒麟”，则为此千年矣。

七

舶来与本土

《读山海经》

（明）童冀

古来学仙者，汉武殊可怜。

后宫降王母，东狩封泰山。

青鸟去不返，巨石乃能言。

空留蟠桃核，谁能待千年。

尚应知者，大汗豢有豹子，以供行猎捕取野兽之用。又有山猫甚伙，颇善猎捕。更有狮子数头，其躯较巴比伦之狮子为大，毛色甚丽，缘其全身皆有黑朱白色斑纹也，此则豢养以供捕取野猪、熊鹿、野驴及其他大猛兽之用。此种狮子猎取猛兽，颇可悦目。用狮行猎之时，以车载狮，每狮辅以小犬一头，别有雕类无数，用以捕取狼、狐、花鹿、牡鹿等兽，所获甚多。[①]

——《马可波罗行纪》

13 世纪 70 年代，马可 · 波罗从威尼斯出发，漂洋过海来到中国游历，与元世祖忽必烈结下了友谊。马可 · 波罗在游记中叙述了忽必烈汗豢养的豹子、狮子、山猫等猛兽，这些猛兽在宫廷里得到了优厚的待遇，令远道而来的马可 · 波罗大开眼

① ［意］马可 · 波罗著，冯承钧译：《马可波罗行纪》，上海：上海书店出版社，2001 年，第 229 页。

界。大汗豢养这些珍奇猛兽主要用于捕猎活动。在他的描述中，大汗养的狮子比巴比伦的狮子体形还要大，毛色十分美丽，全身都有黑色、红色和白色的斑纹。这种狮子不仅可以用来观赏，还可以在围猎中大显身手。这还并不是最让马可·波罗惊叹的，在新年节庆中，他看到了更加壮丽的盛典。马可·波罗描述了新年节庆典礼的盛况：届时，中国各地以及各藩属国进献了十万余匹白马，组成了壮观的马群，还有五千头大象身披锦衣，满载着宫廷所用的金银器皿，还有无数同样身披锦衣的骆驼列队前行，堪称“世界最美之奇观”。最让马可·波罗叹为观止的是，当天，一只没有拴锁链的大狮子走到大汗面前，立即俯伏在地上，似乎在向大汗行拜礼。[①]

马可·波罗所看到的珍禽异兽既有中华大地上土生土长的动物，也有从殊方异域远道而来的，它们共同构成了中国历史上的宠物奇观。

① ［意］马可·波罗著，冯承钧译:《马可波罗行纪》，上海:上海书店出版社，2001 年，第 224—226 页。

一、神兽“龙马”

汉代“天马”（汗血马）的故事流传至唐代，天马被演绎为“瑞兽”，被视作能够抵达天宫的龙的使者。到了唐代，民间广泛流传着“天马”“龙马”能够沟通天地的传说故事。早在上古时期，就出现了关于神马的传说。传说有一匹神马，身上长着龙的翅膀，这匹龙翼神马具有通天的本领，它能驮着皇帝升仙。正是由于这则神马传说，“龙马”的故事长期活跃在古代历史的民间文化中。《太平广记》中就记载了一则骑龙马修仙的故事。许栖岩是唐代的一名进士，在长安昊天观修道，希望能够通过修道得以长生。当时，韦皋镇守四川，由于礼贤下士，很多人慕名到四川游览。许栖岩也想去四川游历，便到西市上买马，但是资财不足。他看见有一名蕃人牵着一匹瘦小的马，但好在价钱不贵，许栖岩便把这匹瘦马买了下来。从长安到四川，需要长途跋涉，许栖岩每天给马增加草料，希望它能壮硕一些，但是马却更瘦了。许栖岩不免怀疑这么瘦弱的马能否走到四川，便牵着马去卜了一卦。占卜的道士说这匹马是龙马。许栖岩半信半疑地牵着马上了路，走到一个栈道上的时候，他和马都摔下了悬崖，幸好下面有厚厚的树叶才保住了性命。但是悬崖下四面没有出路，许栖岩就给马卸下马鞍和辔头，让马自己走。过了很久，许栖岩发现了一个洞穴，进入洞穴后，走了十多里远，看到了一处树木茂盛，湖水清澈，长满奇异花草的地方。有一个道士坐在石头上，旁边还站着两名侍女。那两个侍女告诉许栖岩，这位道士就是太乙真君。最后，太乙真君给许栖岩喝了可以长生的酒，许栖岩终于得道。这匹瘦马原是一条贬谪到人间的龙，所以能够驮着许栖岩去见太乙真君。故事中凡人遇到龙马修道成仙的情节自然不可信，但是"龙马"在唐代的民间文化中的确象征着福瑞和好运。

唐代还将"龙马""天马"兽通过绘画表现出来。唐代的墓室壁画中就有许多天马形象，有的有龙翼，能够腾云驾雾，有的没有翅膀。在敦煌莫高窟的中唐 92 窟涅槃经变中就有一个

“翼马”的形象，翼马站在牛和凤鸟之间，通体白色，体形俊健，口衔鲜花，身体两侧长着像龙翼一般的红色羽翼，四脚离地，和凤鸟一样凌空而起。“翼马”的形象还广泛用于织物图像中，如下图的对马纹锦，出土于青海都兰古墓，收藏在海西州民族博物馆中。

（唐）红地中窠对马纹锦[①]

① 唐代红地中窠对马纹锦，现藏于海西州民族博物馆。

不仅民间喜好“龙马”，古代帝王也对“龙马”“天马”倾注了极大的热情。在帝王眼中，“天马”“龙马”象征着万世太平。在《太平广记》中就记述了一则唐玄宗得龙马的故事。开元年间，临淄太守李邕奉命到山上找玄黄石，途中遇到一位老翁。老翁对李邕说“圣主当获龙马，则享国万岁，无劳采药耳”，他说这龙马就在齐鲁之郊，若能找到龙马，就得到了太平的福瑞，就算麒麟、凤鸟、龟龙这样的瑞兽，通通比不上龙马的福瑞，说完，这位老翁便不见了踪影。后来，李邕派人到处去寻找龙马，终于在两年后找到了，这匹龙马“其色骓毛，两肋有鳞甲，鬃尾若龙之鬐鬣，嘶鸣真虡笛之音，日驰三百里”。[①] 玄宗大悦，命人将龙马供奉在皇宫闲厩中。

① （北宋）李昉:《太平广记》卷 435《畜兽二·唐玄宗龙马》，北京:中华书局，1961 年，第 3532 页。

二、《山海经》与瑞兽

在人类文明发展史的初期，先民就和动物产生了紧密的联系，并且将某种动物作为氏族或部落的图腾进行崇拜。瑞兽与古代的图腾崇拜紧密相连，是原始信仰的重要体现。图腾崇拜是原始社会中人们对某种动物、植物或自然现象的崇拜，认为它们与自己的氏族或部落有着特殊的血缘关系，能够保护和庇佑自己。在《山海经》的记载中，许多瑞兽都曾作为古代部落的图腾，承载着部落成员的信仰和精神寄托。例如，黄帝部落以熊、罴、貔、貅、貙、虎等为图腾，其中貔貅就是一种瑞兽。这些图腾不仅是部落的标志，更象征着部落的力量和精神。在战争中，部落会高举图腾旗帜，激励战士们的斗志，同时也希望借助图腾的神力获得胜利。中国先民不仅以真实存在的动物作为氏族图腾，而且还幻想出一些具有超能力的神兽，如青龙、白虎、玄武、朱雀、麒麟、螣蛇等。我们显然不能把这种联系和当今的人与宠物的关系简单对等，上古人类和动物的联系更加神秘和丰富。

《山海经》是上古中国的一大奇书，内容涵盖了山海地理，涉及历史、神话、宗教、动物、植物和医学等，包罗万象，展现了先秦至秦汉时期的文明和文化形态。有意思的是，《山海经》记载了众多具有神怪特征的异兽，为我们勾勒了一个奇诡绝伦的上古神兽世界。这些奇异的神兽，有的长着兔子的身体老鼠的头，还能飞；有的有牛的身体，头上还长着四只角；有长着四只脚和九条尾巴的狐狸……《山海经》中记载的瑞兽丰富多样，依据不同的标准可进行多种分类。从形态特征来看，瑞兽可分为禽类、兽类、水族类等。其中，禽类瑞兽以凤凰为典型代表。《山海经》中所描写的这些异兽在自然界寻常动物的基础上又进行了夸张、变形等艺术加工，创造出了一个个奇异诡谲的神兽形象，并且以神兽为对象演绎出了诸多的神话传说故事。尤其是对于龙的传说故事与上古史背景相结合，极具代表性。

“龙”这一神兽是我国先民在人与自然互动过程中的创造性想象，自远古以来，有关龙的神话传说经过代代流传具有了丰富的内涵。《山海经》中有关龙的神话故事有很多，最主要的龙形象除了“应龙”“蛟龙”之外，还包括一些龙与人、龙与兽融合的形象，如龙首人身、龙首兽身、龙首鸟身、人面龙身、鸟首龙身等复合神兽，在文学意义上极具奇幻色彩，同时也从侧面反映出远古时代人与动物互动甚至驯化动物的历史过程。

应龙是远古神话传说中的“雷神”“雨神”，具有创世和造物的能力。《山海经·大荒东经》记述了应龙打败蚩尤、夸父的故事：“应龙处南极，杀蚩尤与夸父，不得复上。故下数旱，旱而为应龙之状，乃得大雨。”[①]远古时期，黄帝与蚩尤展开部落大战，黄帝请求应龙援助，应龙打败了蚩尤和夸父，但是无法再回到天上，便蛰伏在南方山泽里，从此南方风调雨顺。

据《山海经·大荒东经》记载，在东海的流波山上，有一只夔龙，像牛的样子，身上呈青苍色，头上没有角，只有一只

① 袁珂译注:《山海经校注》卷9《大荒东经》，北京：北京联合出版社，2013年，第306页。

脚，身上发出的光芒就像太阳光和月光一样，发出的声音响如惊雷一般，夔龙出入水面的时候必有狂风暴雨。这只夔龙后来被黄帝擒获，黄帝用夔龙的皮做了鼓彰显威仪，击鼓之声可远传数百里。

《山海经·海内经》还讲述了鲧死后化作黄龙的故事："鲧窃帝之息壤以堙洪水，不待帝命，帝令祝融杀鲧于羽郊。"远古时期，洪水大作，民不聊生。息壤是一种神土，可以自己生长。鲧为了治理洪水，在没有得到天帝允许的情况下用息壤阻挡洪水，触怒天帝，天帝将息壤收回，命令祝融杀死了鲧。鲧死后，三年不腐，后来祝融用吴刀将其劈开，从其腹中生出禹，鲧便化作黄龙。后来天帝命令禹将息壤分散在各地，最终平定了九州的水患。

烛龙也是上古神话中的一种神兽，是山神。《山海经·大荒北经》记述了烛龙："人面蛇身而赤，直目正乘，其瞑乃晦，其视乃明，不食不寝不息，风雨是谒。是烛九阴，是谓烛龙。"[1]在

① 《山海经校注》卷 12《大荒北经》，第 369 页。

西北海之外，赤水的北边，有一座章尾山。山上住着烛龙神兽，烛龙长着人的脸、蛇的身子，呈赤红色，眼睛竖着。烛龙闭上眼睛，天就黑了，睁开眼睛，天又亮了。烛龙不吃东西，不睡觉，也不休息，能够呼风唤雨，为天下苍生带来光亮。

在应龙庇佑下，广大南方风调雨顺，为治水而死的鲧死后化作黄龙，烛龙作为山神不眠不休地为人间带来光亮。它们既是神兽，也亲身参与了上古社会的发展，是人与天交流的一种纽带和桥梁。从这一角度看，上古时期有关龙的神话传说体现了我国由神文时代向人文时代过渡的时代特征：我国先民自身的社会发展成为了神兽故事的主要背景；神兽绝少例外地参与了人的历史发展进程，并且发挥了某一种特殊的作用。一方面显现出我国上古神话以人为本的特质，另一方面借助神兽表现出我国先民认识自然、改造自然、与自然和谐共生的历程。

凤凰，在中国古代又被称为“凤皇”，是上古神话传说中的一对神鸟，雄鸟为“凤”，雌鸟为“凰”，凤凰乃雄鸟和雌鸟的合称。与龙一样，凤凰也是华夏民族的重要图腾之一。《山海经·南山经》把凤鸟称为“凤皇”，还细致描绘了凤凰的形象和特征："有鸟焉，其状如鸡，五采而文，名曰凤皇，首文曰德，翼文曰义，背文曰礼，膺文曰仁，腹文曰信。是鸟也，饮食自然，自歌自舞，见则天下安宁。"[①]凤凰神鸟在秦汉以后，受到儒家文化的影响，被赋予了"德""义""礼""仁""信"的文化内涵。随着历史的发展，凤凰形象与龙形象紧密结合在一起，成为了后世宫廷文化的重要象征符号，还对民间文化产生了深远的影响。

兽类瑞兽则以麒麟最为著名。《毛诗正义》中描述麒麟"麟，麋身，马足，牛尾，黄毛，圆蹄，角端有肉"。麒麟集合了多种动物的特征，拥有麋鹿的身体、马的蹄子、牛的尾巴，全身覆盖黄色毛发，蹄子圆润，角端带有肉质，整体呈现出一种威严而又温和的形象，是兽类瑞兽的代表。

水族类瑞兽如龙龟，《山海经》虽未对其有详细记载，但在其他古代文献中，龙龟被描述为龙首龟身，背负河图洛书，揭显天地之数，上通天文，下知地理，中和人世。它是纯阳之神

① 《山海经校注》卷1《南山经·丹穴山》，第15页。

兽，能辟邪、制煞、化冲、解厄、镇宅、招财、聚财，是权力和长寿的象征，在水族类瑞兽中独具特色。

在远古时代，瑞兽被视为吉祥、好运、丰收等的象征，这背后有着深厚的文化根源和历史背景。从文化根源来看，古代人们对自然充满敬畏，认为自然界中的各种现象都受到神灵的掌控。瑞兽作为一种神秘的存在，被认为是神灵的使者或化身，具有与天神交流的灵力。因而，在先民的眼中，瑞兽的出现代表着神灵对人间的眷顾和庇佑，因此被赋予了吉祥的寓意。先民在“瑞兽”身上寄托着对于美好生活的向往，为何会出现这一文化现象呢？在原始社会，人们的生活依赖于自然环境，面对自然灾害、疾病和野兽的威胁，他们渴望得到超自然力量的保护。瑞兽的形象逐渐成为人们心中的寄托，人们相信它们能够带来好运，驱散灾难，保佑人们平安健康。久而久之，人们将瑞兽形象用绘画、雕刻或者刺绣的方式呈现出来，便也成为人们借瑞兽形象祈福的多元文化形态。

从上古时期到早期国家形成阶段，瑞兽作为承载着传统文化和神话传说的文化符号，在民间生活中发挥着重要的作用，具有了越来越广泛多元的文化功能。从功能用途的角度，瑞兽可分为象征祥瑞、带来福祉、守护辟邪等类别。象征祥瑞的瑞兽，如凤凰，自古以来就被视为祥瑞的象征，它的出现预示着天下安宁、太平盛世的到来。

带来福祉的瑞兽，如乘黄。据《山海经》记载："白民国有乘黄，其状如狐，其背上有角，乘之寿二千岁。"白民国的人因乘黄而须发皆白，以玉为食，寿命高达几千岁，人骑上乘黄就能增加两千年的寿命，乘黄直接为人们带来了长寿的福祉 。

守护辟邪的瑞兽，如天犬。传说天犬长得像狸猫，常发出喵喵的叫声，人饲养它便可以家宅安宁、万事太平。在秦襄公的时候，白鹿原上的狗枷堡村曾有天犬降临，只要有贼，天犬便狂吠而保护整个村子，天犬还具有食蛇的本领，被看作可以抵御凶灾的奇兽 ，肩负着守护家宅、辟邪驱灾的重要使命。

瑞兽作为一种神秘的存在，被认为是神灵的使者或化身，它们的出现代表着神灵对人间的眷顾和庇佑，因此被赋予了吉祥的寓意。在原始社会，人们的生活依赖于自然环境，面对自然灾害、疾病和野兽的威胁，他们渴望得到超自然力量的保护。

瑞兽的形象逐渐成为人们心中的寄托，人们相信它们能够带来好运，驱散灾难，保佑人们平安健康。瑞兽在众多神话故事中扮演着关键角色，它们的故事丰富了古代神话的内涵，传承了民族的文化记忆。例如，黄帝与貔貅的传说在民间广为流传，在阪泉之战中，黄帝率领以貔貅等为图腾的部落，与炎帝展开了激烈的战斗。貔貅在战斗中勇猛无畏，为黄帝的胜利立下了赫赫战功。这个传说不仅展现了貔貅这一瑞兽的勇猛和力量，也体现了古代人对英雄和力量的崇拜。在古代神话中，瑞兽常常与英雄、神灵一起出现，共同演绎着精彩的故事。它们或是帮助英雄完成使命，或是传达神灵的旨意，成为了神话世界中不可或缺的一部分。在早期国家建构的过程中，王权的建立往往与某些瑞兽产生着密切的关联。因而每当瑞兽“出现”时，统治者会举行盛大的祭祀活动，向天下宣告自己的德政，以巩固自己的统治地位。后世对瑞兽形象及其内涵进行不断地重塑，为瑞兽增添了许多儒家精神寓意，创造了以瑞兽为主题的诸多神话故事。瑞兽作为一类特殊的文化符号，塑造了中国人的价值观和精神世界，如勇敢、正义、忠诚等品质在神话故事中得到了高度的赞扬和传承。由瑞兽衍生出来的神话故事也成为了文学、艺术等领域的创作素材，许多文学作品、绘画、雕塑等都以瑞兽和神话故事为主题，创造了层出不穷的作品，延续着瑞兽文化。

在中国传统时代的皇宫和官邸中亦不乏这些瑞兽的形象。瑞兽的形象在古代宠物选择中发挥了重要作用，深刻影响着古人对宠物的喜好和期待。前文述及，瑞兽所代表的吉祥、祥瑞等寓意，使古人在选择宠物时，更倾向于那些具有类似象征意义的动物。麒麟象征着祥瑞、子孙兴旺，因此，一些与麒麟形象相似的动物，比如鹿，因其外形优雅、性格温和，且在传统文化中也有一定的吉祥寓意，成为古人喜爱的宠物之一。在古代的园林中，常常可以看到鹿的身影，它们不仅为园林增添了生机与活力，更寄托了人们对美好生活的向往。

从审美观念的角度分析，瑞兽独特的外形和神秘的气质，塑造了古人对宠物的审美标准。凤凰的五彩斑斓、身姿优雅，使其成为美的象征，这种审美观念影响了古人对宠物外形的追求。在选择宠物时，古人更注重其毛色的鲜艳、外形的独特和姿态的优美。在古代的宠物市场上，毛色纯正、花纹独特的宠物往往备受青睐，价格也相对较高。一些鸟类因其美丽的羽毛和婉转的歌声，成为古人喜爱的宠物，如鹦鹉，其色彩艳丽的羽毛和能模仿人语的能力，使其成为富贵人家的宠物首选。

瑞兽还在一定程度上反映了古人对宠物能力的期待。一些瑞兽具有神奇的能力，如天犬能守护家宅、辟邪驱灾，古人希望自己饲养的宠物也能具备类似的能力，保护家庭的安全和安宁。犬类因其忠诚、勇敢的品质，以及出色的守护能力，成为古人最常饲养的宠物之一。在古代，犬不仅用于狩猎，还承担着守护家园的重任，人们相信犬能够感知到危险的来临，并及时发出警报，保护家人的安全。

在一些贵族家庭中，饲养珍奇的宠物被视为身份和地位的象征，展示了主人的财富和品位。在民间，一些宠物则被赋予了吉祥、辟邪等寓意，成为人们生活中的精神寄托。从考古发现来看，在一些古代墓葬中，常常出土与宠物相关的文物，如陪葬的陶狗、陶猫等，这些文物不仅反映了古人对宠物的喜爱，也表明宠物在古人生活中具有重要的地位。在河南安阳殷墟妇好墓中，出土了一件玉狗，造型逼真，工艺精湛，表明当时的贵族对宠物的重视。从文献记载来看，《诗经》《礼记》等古籍中都有关于宠物的记载，如《诗经·召南·野有死麋》中“舒而脱脱兮，无感我帨兮，无使尨也吠”，描绘了女子与男子约会时，担心惊动家中的狗而发出的叮嘱，体现了狗在当时人们生活中的常见和重要性。

瑞兽的祥瑞寓意在后世文化中得到了广泛的传承和延续，成为中国传统文化的重要组成部分。在民间习俗中，瑞兽的形象和寓意随处可见。在春节期间，人们常常张贴带有瑞兽图案的年画，如龙凤呈祥、麒麟送子等，以祈求新的一年平安吉祥、幸福美满。在婚礼上，新人会使用龙凤图案的饰品和装饰，寓意着夫妻恩爱、百年好合。这些习俗不仅是对瑞兽祥瑞寓意的传承，更是人们对美好生活的向往和追求的体现。

值得一提的是，在古代皇宫建筑中，频繁运用着瑞兽元素。龙是皇权的象征，在皇宫建筑中最为常见。其造型矫健，有蜿蜒盘旋之态，常出现在宫殿的屋脊、藻井、丹陛等位置。如太和殿藻井的金龙，雕刻精美，气势磅礴，彰显着皇家的至高无上。凤代表着皇后，寓意着吉祥、高贵。在皇宫建筑中，凤常与龙搭配出现，如故宫的凤和玺彩画，色彩艳丽，图案精美，体现出皇后母仪天下的地位。在宫廷文化中，凤纹装饰多用于皇后的宫殿和服饰，如清代皇后的朝服上就绣有精美的凤纹图案。麒麟是祥瑞的象征，象征着太平、长寿。在皇宫建筑中，麒麟常以石雕等形式出现，展现出祥瑞的氛围。在皇宫建筑中，麒麟石雕通常放置在重要宫殿的门前或庭院中，彰显着庄重和祥瑞之气象。太和殿的屋脊上装饰着十个脊兽，依次为龙、凤、狮子、天马、海马、狻猊、押鱼、獬豸、斗牛、行什。这些脊兽象征着至高无上的王权，同时也象征着国泰民安、消灾除害、为民祈福，还代表着建筑的等级。一般来说，建筑等级越高，脊兽的数量越多，其他宫殿的脊兽数量则根据等级依次递减。可见，皇宫里的瑞兽元素具有丰富的文化内涵。

三、这是“麒麟”，不是长颈鹿

明永乐十二年（公元 1414 年）的一天，秋高气爽，榜葛剌国新国王赛勿丁派遣的使者牵着一头高大的“麒麟”珍兽，将它献给大明皇帝，明成祖朱棣命宫廷画师将麒麟绘图，并命翰林院修撰沈度在画作上撰写《瑞应麒麟颂》，这便是如今珍藏在我国台北故宫博物院的《瑞应麒麟图》的由来。《瑞应麒麟颂》中写道：“圣人有至仁之德，通乎幽明，则麒麟出。斯皆皇帝陛下与天同德，恩泽广被，草木昆虫，飞潜动植之物，皆得生遂。故和气融结，降生麒麟。”在古代文化中，麒麟被视为吉祥与祥瑞的象征，其出现被认为是国家繁荣昌盛、人们幸福安康的吉兆。因而，榜葛剌使者向明成祖进献的长颈鹿被当作中国古代传说中的瑞兽麒麟，轰动了整个明王朝。

麒麟，实为中国先民在多种常见动物的基础上幻想出来的

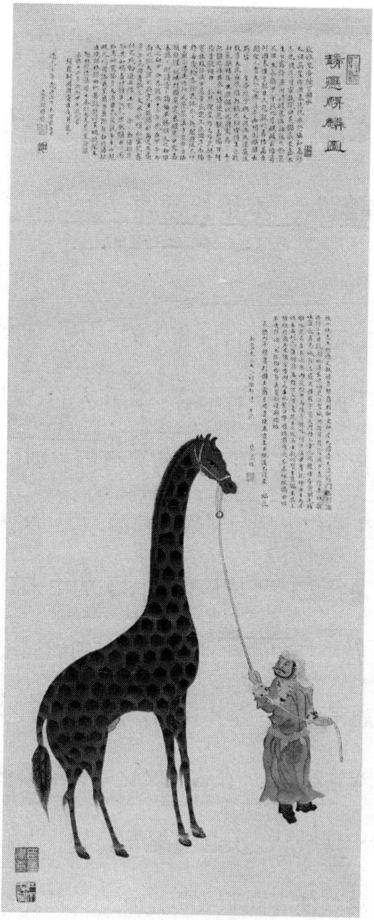

《瑞应麒麟图》①

① 沈度:《瑞应麒麟图》,现藏于中国台北故宫博物院。

一种神兽，我国很早就出现了有关麒麟的记载。《尔雅·释兽》描绘了麒麟的形象“麟：麇身，牛尾，一角”，麒麟长着类似鹿的身体，全身覆盖鳞甲，有牛的尾巴，一只角。[①]《说苑·辨物》记载：“麇身，牛尾，圆顶，一角。”[②]东汉许慎在《说文解字》中记载：“麒，仁兽也，麇身牛尾，一角。”[③]后世对于麒麟形象的记载基本沿袭了《尔雅》中的记述。从秦汉时期的画像石、壁画以及一些古籍记载中可以看出，此时的麒麟基本具备了“麇身、牛尾、一角”的特征，同时还增添了一些新的元素。例如，在一些艺术作品中，麒麟的身体上开始出现龙鳞，尾巴也变得更加细长，有的还带有分叉，呈现出龙尾的形态。秦汉时期的麒麟开始有了明确的性别区分，雄性称麒，雌性称麟。大约在秦汉时期，麒麟的形象被广泛应用于陵墓石刻、宫殿装饰等，其文化内涵更加丰富，成为了皇权的象征。在汉武帝时期，曾在未央宫专门建造了一处麒麟阁，将功臣的画像悬挂其

---

① （晋）郭璞注：《尔雅注疏》卷 10《释兽》，上海：上海古籍出版社，1990 年，第 189 页。

② （汉）刘向撰，向宗鲁校证：《说苑》卷 18《辨物》，北京：中华书局，1987 年，第 455 页。

③ （汉）许慎：《说文解字》，北京：中华书局，1963 年，第 202 页。

中，以表彰他们的功绩。麒麟阁的设立，使得麒麟形象具有了王朝国家表彰功勋楷模的意涵，进一步提升了麒麟的文化地位，使其成为了国家繁荣昌盛和功臣荣耀的象征。

魏晋南北朝时期，社会动荡不安，但文化艺术却呈现出多元化的发展态势。在这一时期，麒麟的形象受到佛教、道教等宗教文化的影响，开始出现一些新的变化。例如，在一些佛教造像中，麒麟常常作为护法神兽出现，其形象变得更加威严庄重，身上还增添了一些瓔珞、宝珠等装饰，显得更加华丽。同时，随着各民族文化交流融合，麒麟的形象也吸收了一些少数民族文化的元素，使其造型更加多样化。

唐宋时期，经济繁荣，文化昌盛，艺术创作达到了一个新的高峰。麒麟的形象在这一时期更加注重细节的刻画，身体结构更加合理，肌肉线条更加流畅，展现出一种灵动、矫健的美感。在唐代的绘画和雕塑作品中，麒麟的形象常常与龙、凤等瑞兽一起出现，构成了一幅和谐、祥瑞的画面。宋代的麒麟形象则更加写实，其身体比例更加协调，头部的刻画更加细腻，眼睛炯炯有神，给人一种既威严又亲切的感觉。此外，唐宋时期是一个诗词文学大繁荣的时期，“麒麟”也受到了诗人的青睐，进入了文学世界中，其形象在文人墨客的笔下被赋予了更多的文化内涵和情感色彩。例如杜牧在《池州送孟迟先辈》中写道:“历阳裴太守，襟韵苦超越。鞔鼓画麒麟，看君击狂节。”杜牧笔下的麒麟象征着一种高尚的精神品质，借麒麟抒发君子的狂放不羁、坚守气节的品德。由于汉武帝建麒麟阁，唐宋文人便在诗歌中又从麒麟意象中创造性地阐发出其象征功名报国的含义。例如杜甫《前出塞九首·其三》写道“功名图麒麟，战骨当速朽”，以麒麟比喻不畏沙场，誓死报国，建立功业的志向，又如王翰的《饮马长城窟行》有“麒麟前殿拜天子，走马西击长城胡”。许多唐诗以麒麟象征盛世祥瑞，展现出宏大的气魄。像许敬宗的《奉和宴中山应制》有“塞门朱雁入，郊薮紫麟游。一举氛霓静，千龄德化流”，诗中描绘紫麟出游的场景，营造出一种宏大、祥和的氛围，象征着国家的太平与昌盛，彰显出唐代的大国风范和盛世气象。宋代诗歌中也延续了麒麟象征国泰民安的传统，但是由于时代的变迁，宋诗对麒麟祥瑞意涵的运用不似唐诗那么豪放自然，而是更加隐晦，例如杨亿在《戊申年七夕五绝》中写道“紫麟晓卫章台路，宝雀暗窥云母屏”，通过描绘紫麟守护章台路的场景，隐晦地表达出麒麟象征的祥瑞。南宋诗人汪元量在《北邙山》中写道：“芒芒北邙山，高坟尽无主。惟有石麒麟，相向立秋雨。”此处的石麒麟在秋雨中默然而立，成为了北望故土的意象与世事变迁的见证。

麒麟作为祥瑞之兽，成为了中国传统文化中的一种象征符号。无论是在宫廷还是民间，麒麟的形象都被广泛应用于各种场合，以祈求吉祥如意。在宫殿、庙宇等建筑的装饰中，常常可以看到麒麟的雕刻，寓意着守护和庇佑；在民间的年画、剪纸等艺术作品中，麒麟也是常见的元素。除此之外，麒麟与儒家文化还有着密切的关联，在儒家文化中占据着重要的地位。相传，孔子的诞生就与麒麟有关。据《拾遗记》卷三《周灵王》记载：“夫子未生时，有麟吐玉书于阙里人家，文曰：‘水精之子，系衰周而素王。’故二龙绕室，五星降庭。”[①] 传说孔子降生的当天晚上，有麒麟降临在孔府阙里人家，并吐玉书，预示着

① （晋）王嘉撰，齐治平校注:《拾遗记》卷三《周灵王》，北京:中华书局，1981 年，第 70 页。

孔子非凡人，虽未居帝王之位，却有帝王之德，堪称“素王”。这则故事使得麒麟与儒家文化的联系更加密切了，麒麟所代表的“仁爱”与儒家思想的价值观高度契合。在儒家经典《春秋》中，也记载了麒麟的故事，鲁哀公十四年，有人在鲁国西境捕获了一只麒麟，孔子认为麒麟出非其时，是世道衰落的象征，他为此而流泪，并停止了《春秋》的写作，这便是“获麟绝笔”的典故。这个故事体现了麒麟在儒家文化中的特殊意义，它被视为一种象征着时代兴衰的祥瑞之兽，与儒家所倡导的道德、伦理和政治理念息息相关。麒麟的温和、善良的形象也体现了儒家所倡导的道德风范。儒家主张统治者施行仁政，关爱百姓，而麒麟的出现被认为是仁政的象征，是对统治者德行的一种肯定和褒奖。

麒麟瑞兽的文化内涵代代相传，到了明朝时期，麒麟的形象早已深入人心，它承载着丰富的文化内涵和象征意义，是祥瑞、吉祥、太平的象征。而域外“麒麟”（实际是长颈鹿）的到来在明朝历史上留下了浓墨重彩的印记。

《明史・外国传》载，永乐十二年，“（榜葛剌国）嗣王遣使奉表来谢,贡麒麟及名马方物。”[1]此次贡“麒麟”的事件与郑和下西洋有着紧密的联系。当时，郑和率领船队远航，加强了明朝与各国的交流，榜葛剌国正是在这样的背景下向明朝进贡了“麒麟”。《瀛涯胜览》的作者马欢是郑和船队的随行人员，他在书中对所到之地的风土人情、物产等进行了详细记录。关于“麒麟”，书中描述道:“麒麟，前二足高九尺余，后两足约高六尺，头抬颈长一丈六尺，首昂后低，人莫能骑。头上有两肉角，在耳边。牛尾鹿身，蹄有三跆，匾口。食粟、豆、面饼。”[2]

郑和下西洋是我国航海史上的波澜壮阔的篇章，同时也是明朝历史上的一项大规模的政治活动。学界对郑和下西洋的历史动因进行了多方面的探讨，最为广泛的观点是“宣扬明德威”，其次也有认为目的是寻找建文帝。郑和先后七次下西洋，率领的船队规模庞大，船只众多，人员配备齐全，携带了大量的丝绸、瓷器、茶叶等精美物品，每到一处，都向当地的国王和民众展示明朝的文化和国力，宣扬明朝的国威。郑和与各国

① 《明史》卷326《外国七·榜葛剌》，北京：中华书局，1974年，第8446页。
② （明）马欢:《瀛涯胜览·阿丹国》，北京：中华书局，1985年，第74页。

的友好交往，吸收了众多国家前来朝贡，使明朝的影响力远播海外。从这一实际成效来看，郑和的远洋活动的确达到了宣扬国威的目的，促进了东亚朝贡体系的建立。明朝初期，虽然实行海禁政策，但官方的朝贡贸易仍然存在。郑和下西洋的过程中，积极与各国开展贸易往来，将中国的丝绸、瓷器、茶叶等商品运往海外，同时带回了大量的香料、宝石、珍珠等异域珍宝和特产。这些贸易活动不仅丰富了中国的物质文化生活，也促进了国内手工业的发展，为明朝带来了可观的经济收益。同时，通过与各国建立贸易关系，加强了明朝与世界各国的经济联系，推动了海上丝绸之路的繁荣。

在这一场声势浩大的远洋活动中，郑和将“麒麟”带回明廷可能并非偶然。明成祖朱棣继位后，亟须通过“天命所归”的象征巩固其统治的合法性。当时的翰林院便曾建议：“麒麟为毛虫之长，若世有王者，至仁至德，麒麟便会应运而出。如今，陛下圣德广被，应当遣使海外，访求麒麟，以应天瑞。”此时的麒麟成为德政的象征。这一政治需求与郑和下西洋访求灵兽有着直接的关联。

郑和在下西洋的途中寻找麒麟等灵兽，沿途诸国统治者洞悉了麒麟对于中国的重要性及其外交价值，因而纷纷将长颈鹿作为贡物进献给明朝皇帝，由此一来，郑和下西洋带动了“麒麟贡”热潮。从动物史领域来看，将原产自非洲的长颈鹿当作“麒麟”瑞兽进献给东方大国，成为了15世纪东西方外交和文化交流的独特现象，长颈鹿也在这一历史进程中成为了至关重要的东西方文化交流的载体。在榜葛刺国王进贡长颈鹿之后，永乐十三年（公元1415年）位于东非的麻林国向明朝进贡“麒麟”；永乐十五年（公元1417年），阿丹国进贡“麒麟”。郑和第六次下西洋的时候（公元1421—1422年），曾经派太监到阿丹国购买“麒麟”，第七次下西洋的时候（公元1430年）也曾派人到天方国购买“麒麟”。

关于郑和所带回的“麒麟”究竟是什么动物，学界虽然有不同的探讨，但是广泛接受的观点认为是长颈鹿。从外形特征来看，长颈鹿的长脖子、鹿身、牛尾等特征与古籍中对麒麟的描述有一定的相似之处。郑和带回的“麒麟”身份认定是不同文化背景下人们对事物认知差异的体现。在当时的历史背景下，明朝人对长颈鹿这种舶来动物缺乏了解，将其认为是传说中的瑞兽麒麟其实是一种文化误读现象。当郑和船队从海外带回一种外形奇特的动物时，人们在原有的文化认知基础上，自然而然地将长颈鹿与传说中的麒麟建立对等联系。这种联系并非偶然，而是文化心理的一种映射。在当时的人们看来，郑和能够带回麒麟瑞兽，正是明朝国力强盛、声威远播的象征，不仅符合明朝百姓对太平盛世的期待，更能迎合明朝统治者对于建构东亚朝贡体系的政治要求。因此，郑和带回“麒麟”便成为了举国上下不约而同的文化认同。

郑和前后七次率领船队下西洋，途经东南亚、南亚诸国，最远到达非洲东海岸，所到之处，见于《瀛涯胜览》《星槎胜览》《西洋番国志》等文献中记载的有三十多个国家、地区，这不仅在中国历史上是一次前无古人后无来者的远洋航行，甚至在世界航海史上都是一场壮举。

在郑和下西洋的过程中，明朝与亚非各国之间的贸易往来频繁，人员交流密切。通过这种交流，中国的文化和技术传播到了海外，同时也吸收了来自不同国家和地区的文化元素。“麒麟”作为一种来自异域的动物，它的引入就是中外文化交流的一个生动例证。它不仅丰富了中国的动物种类，也为中国文化注入了新的活力。以明朝“麒麟”热为镜，我们可以看到15世纪东西方文化交流中的相互影响。一方面，中国的文化对外国产生了深远的影响。明朝的强大国力和灿烂文化吸引了众多国家前来交流和学习，他们对中国的政治制度、文化艺术、科技发明等方面都表现出浓厚的兴趣。另一方面，外国文化也对中国产生了一定的影响。“麒麟”的引入，让中国人对异域文化有了更直观的认识，拓宽了人们的视野。同时，在对“麒麟”的认知和解读过程中，中国文化也对其进行了改造和融合，使其逐渐融入中国的文化体系中。

四、皇宫里的宠物

在历史长河中，皇宫不仅是权力的象征，也是诸多文化现象的汇聚地。长久以来，以权力秩序为基础的宫廷生活具有浓厚的神秘色彩，受到坊间的广泛关注和探究。而皇宫里的宠物，作为宫廷生活的一部分，也被赋予了丰富的历史和文化意义。这些与皇室成员朝夕相处的生灵，不仅是历史的见证者，更是权力、人性和文化的载体，生动地反映了所处时代的政治、经济和文化状况。

先秦时期，我国先民驯养动物的经验已臻成熟，皇家对于动物也表现出了极大的热情，皇家饲养宠物的现象已初见端倪。《周礼》记载，周王室设有“兽人”一职，专门负责饲养和管理宫廷动物。这些动物主要用于祭祀和观赏，说明在早期国家建构时期，人类在认识自然、改造自然的过程中逐渐发展、巩固了王权。《诗经》中也有关于宫廷饲养动物的记载，如《小雅·鹿鸣》中的“呦呦鹿鸣，食野之苹”，这首诗是周王宴会群臣宾客时所作，一群小鹿在原野上悠闲地吃草，周王宴请宾客，鼓瑟吹笙，鹿与人和谐互动，相映成趣，反映了早期皇家对动物的喜爱。

秦朝尚武，狩猎活动在皇室生活中占据一定地位。在秦朝，战马作为重要的战略物资，受到格外的重视，这从秦始皇陵陪葬坑中出土的诸多马匹模型可见一斑。另外，《史记·秦始皇本纪》记载，秦始皇曾多次巡游天下，随行队伍中常有猎犬与良马，既用于狩猎活动，也彰显帝王威仪。此外，秦始皇陵K0007陪葬坑中发现了一批陶制水禽（如鹤、雁）和少量动物骨骼，或为宫廷苑囿中饲养的观赏动物。陵园内还出土了青铜制作的仙鹤、鹿等，反映了皇家在瑞兽形象上寄托了对于祥瑞的期盼。

汉代，皇宫里的宠物更加深入地进入宫廷生活空间中，成为了帝王和后妃欣赏和把玩的对象。不仅如此，汉代皇宫里的宠物又增添了一些政治意味，犹如一面棱镜，折射出汉代帝王的政治抱负和文化信仰。汉武帝在上林苑中豢养了数不胜数的珍禽异兽，不仅有本土所产，更引人注目的是还有西域或南方边疆地区及藩国进献的异兽，如大象、犀牛、狮子等。这些被作为贡物进献到汉代皇宫里的宠物，自然而然地成为了彰显汉朝威仪和万国来朝的具象符号。

随着丝绸之路的开通，更多异域动物进入皇宫。汉武帝时期，“天马”和“犀象”成为皇权的象征。《汉书》记载，武帝为迎接天马，特作《天马歌》。元狩四年（公元前119年），张骞第二次出使西域归来，带回了许多西域物品，除了葡萄、苜蓿种子，还有十余头身披锦缎的安息狮子。据《汉书·西域传》载“殊方异物，四面而至”，展现出四方贡兽入汉的盛况。[①]这些动物大多被豢养在上林苑中，据《三辅黄图》记载，上林苑中设有“奇华殿”，专门陈列各国贡兽：滇国的犀牛、条支的鸵鸟……这些来自异域藩国的珍禽异兽在汉朝皇宫里自在游弋，标注着汉朝疆域广阔的势力范围。汉朝尚武，皇家围猎是一项

① 《汉书》卷96下《西域传下》，北京：中华书局，1999年，第2893页。

庄重的宫廷活动，正如司马相如在《上林赋》中所描绘的汉武帝在上林苑围猎的场景：

于是乎背秋涉冬，天子校猎。乘镂象，六玉虬，拖蜺旌，靡云旗，前皮轩，后道游……生貔豹，搏豺狼，手熊罴，足野羊，蒙鹖苏，绔白虎，被班文，跨野马，凌三嵕之危，下碛历之坻。[①]

在汉代，一些特殊的动物身上的祥瑞意涵越来越丰富。汉武帝时期，因在打猎时获得一只"一角兽"便将年号改为"元狩"，如《史记·孝武本纪》所载："有司言元宜以天瑞命，不宜以一二数。一元曰建元，二元以长星曰元光，三元以郊得一角兽曰元狩云。"[②]而《宋书·符瑞中》又载："汉武帝元狩元年十月，行幸雍，祠五畤，获白麟。汉武帝太始二年三月，获白麟。"[③]虽然《史记》《宋书》中记载汉武帝曾捕获"白麟"，但麒

① 《史记》卷117《司马相如列传》，北京：中华书局，1959年，第3033页。

② 《史记》卷12《孝武本纪》，第461页。

③ （南朝梁）沈约：《宋书》卷28《符瑞中》，北京：中华书局，2018年，第867页。

麟这种瑞兽在现实生活中毕竟是不可得之物。细细想来，汉武帝当年捕获的，应当是某种类似鹿的动物，恰好毛色雪白，符合祥瑞之象，因此被当作瑞兽。一些方士或儒臣通过动物的颜色以及所处方位，将五行学说与祥瑞之间建立联系，阐释祥瑞出现的政治意涵，以此来强化皇帝的统治合法性。王莽篡汉时期，这种动物祥瑞学说达到高潮，居摄三年，益州官员献上白雉，王莽宣称："昔周公辅成王，越裳氏献白雉；今安汉公辅幼主，白雉复现！"群臣附会，称白雉为"金精之瑞"，"白者，西方正色;雉者，西方之禽。金者，革代之象。"[①] 通过被定义为祥瑞的白雉，为王莽代汉提供了所谓的"天命"证据。此后，动物祥瑞在东汉也发挥着重要的政治作用。《后汉书·光武帝纪》载，建武十三年（公元37年），"南越献白雉"，群臣上奏称："白雉者，西方之禽，金精所化，王者德泽流洽则现。"[②] 东汉光武帝时，南越献白雉，群臣以"白为金德""西方归附"为据，将白雉祥瑞解释为光武中兴的吉兆。

---

① 《汉书》卷99上《王莽传上》，第3003—3006页。

② 《后汉书》卷1《光武帝纪下》，北京：中华书局，1999年，第43页。

在森严的等级制度下，汉代皇宫里的宠物却开辟了个人化的情感空间，成为秩序化的宫廷生活中一个跳跃的音符。《西京杂记》记载了一只养在皇宫禁院的鹦鹉的故事。汉成帝的昭阳殿中，宠妃赵合德驯养了一只“能言”的绿鹦鹉，每当皇帝临幸，鹦鹉便高呼“圣躬万福”。这只聪明的鸟儿甚至学会衔走赵飞燕发簪，为姐妹争宠推波助澜。而在《风俗通义》中讲述了窦太后和她的爱犬的故事。[①]窦太后在长乐宫中养了一只盲犬唤作“黄耳”，太后薨逝时，黄耳绝食而亡，宦官欲以诸侯礼葬之，却遭儒臣激烈反对，最终焚狗殉葬。

皇宫里的生活在平常百姓眼里总是充满了未知的吸引力，宫廷里的一草一木、兽鸣虫叫都变成了传说，随着时间的流逝，翻过宫墙，流向寻常百姓家。汉代皇宫的宠物文化也如涟漪般扩散至民间。长安东市出现专售“波斯犬”的胡商，街头斗鸡走狗的场面屡见不鲜，民间圈养宠物的现象越发常见。

---

① 此处《风俗通义》中原文已佚，(清）严可均《全后汉文》辑录：“窦太后好黄老言，畜一犬，名‘黄耳’，甚爱之。太后崩，犬不食死。宦官欲以诸侯礼葬之，廷臣争曰：‘犬，贱畜也，安得拟人！’遂焚其尸。”《全后汉文》卷41《应劭》，北京：商务印书馆，1999年，第414页。

狗由于适应性强，饲养成本低，而且具备看家护院的本领，便成为了魏晋南北朝时期普遍饲养的宠物。狗不仅成为了宫廷热衷的宠物，还在民间被广泛地作为宠物饲养，此外禽鸟类的动物，如仙鹤、鹦鹉、鸡等也加入了宠物的行列。值得注意的是，魏晋南北朝时期，佛教在中国广泛传播，佛教所宣扬的“众生平等”思想，为宠物的饲养起到了一定的促进作用。在其影响下，人们对动物的态度更为友好，注重对于动物的保护和关爱。很多寺庙中也饲养一些小动物，如鸟、鱼、龟等，成为寺庙景观中的组成部分。这一时期，斗鸡活动非常流行，成为了上至宫廷下至民间喜闻乐见的一项娱乐活动。宠物形象也进入文学、书画作品中，例如祢衡流传于世的《鹦鹉赋》，借笼中鹦鹉表达了自己怀才不遇的苦闷；敦煌石窟壁画中出现了鹦鹉的形象，嘉峪关长城博物馆藏《围猎图》中惟妙惟肖地刻画了三只奔跑的猎犬。魏晋南北朝时期，宠物文化在秦汉时期的政治符号之外更增添了陪伴、娱乐功能，在动荡的社会背景下，宠物成为了人们的一种精神慰藉。唐代皇宫里的宠物文化一方面继承了前代的传统，另一方面得益于开放包容的对外政策和万国来朝的盛景，皇宫宠物融入了大量的异域风情：西域诸国进献的狮子、波斯犬；东南亚、南亚等地进献的鹦鹉；吐火罗国进献的鸵鸟；突厥、回鹘进献的骏马……这些宠物不仅丰富了唐朝皇宫宠物的种类，点缀着雍容华贵的宫廷生活，更具有彰显繁荣昌盛、气象万千的大唐盛世的象征意义。

唐代皇宫中设置了专门饲养动物的机构——五坊。其实早在北魏时期，皇家为饲养鹰鹞就专门设置了鹰师曹，还设置羽猎曹、游猎曹掌管射猎等事务。隋朝设鹰坊专门饲养、管理猎鹰。唐初，在鹰坊之外增设雕坊、鹘坊、鹞坊、狗坊，合称“五坊”，主要负责饲养和训练动物供皇帝狩猎之用。边疆少数民族政权以及各个藩属国向朝廷进贡的鹰隼、海东青、猎犬等动物，往往投放至五坊豢养，除了进贡途径之外，朝廷有时会派人四处征询鹰犬，或到民间采买狩猎动物，充实五坊。中晚唐时期，五坊被宦官所掌握，五坊人员常假借搜捕鹰犬之名义，到处勒索。因而当时百姓将五坊人员称为“五坊小儿”，韩愈在《顺宗实录》中写道：“贞元末，五坊小儿张捕鸟雀于闾里，皆为暴横，以取钱物。至有张罗网于门不许人出入者；或有张井上者，不得汲水。”[①]五坊小儿横行乡里，将捕鸟的罗网置于道路中央和水井之上，令百姓不得出门，不得汲水，只有向他们奉上财物，方可通行、汲水。在宦官势力膨胀的背景下，五坊与地方社会之间的矛盾越加深刻。五坊在唐代曾两度被废，但随后又复置，足见这一动物饲养机构在皇宫中的重要性。

狩猎是唐朝皇宫里不可或缺的活动，唐朝皇帝及诸王大都热衷于狩猎。唐太宗便是其代表，他将狩猎归为人生三大乐事之一，认为“大丈夫在世，乐事有三：天下太平，家给人足，一乐也；草浅兽肥，以礼收狩，弓不虚发，箭不妄中，二乐也；六合大同，万方咸庆，张乐高宴，上下欢洽，三乐也”。[②]章怀太子墓出土壁画《狩猎出行图》描绘了盛大的皇家狩猎场面，跟随狩猎队伍出行的还有数量众多的马、骆驼、猎鹰、猎犬等动物。狩猎活动在唐代不仅是一项皇室的大型娱乐活动，还是一项隆重的国家典礼，体现了唐朝的尚武精神。

动物是唐代大型活动不可或缺的参与者，另外，还深入地

① （唐）韩愈：《顺宗实录》卷 2，上海：中华书局，1936 年，第 5 页。

② （北宋）王溥：《唐会要》卷 28《蒐狩》，上海：上海古籍出版社，2006 年，第 612 页。

参与了皇室成员的宫廷生活。康国曾经进贡给唐玄宗一种原产自拜占庭帝国的小型宠物犬“拂菻狗”，又被称为“康国猧子”。因其萌态可掬、性格温顺，受到了杨贵妃的喜爱。《酉阳杂俎》记载，杨贵妃非常喜爱这只小狗，还曾将它抱在怀中，观看玄宗下棋。《太平广记》还记录了武则天梦到鹦鹉的故事。她梦到了一只鹦鹉，羽毛甚是华丽，但是两只翅膀都折断了，便问宰相大臣们此梦的寓意。内史狄仁杰说：“鹉者陛下姓也。两翅折者，陛下二子，庐陵相王也。陛下起此二子，两翅全也。”[①] 狄仁杰说“鹉”代表着天后的姓，两个翅膀折断，意思是说天后的两个儿子现在却在庐陵做相王，如果起用这两个儿子，两只翅膀就全了。

在唐代，一些特殊动物因其具有祥瑞意义，依然延续着其祥瑞政治的意涵。武周代唐之际，就出现了塑造祥瑞的现象。薛怀义等人伪造《大云经疏》颁行全国，假借佛经注疏的形式宣扬武则天统治的合法性。《大云经疏》以“鲤鱼”指代李唐，

① （北宋）李昉：《太平广记》卷 277《梦二・天后》，北京：中华书局，1961 年，第 2195 页。

以“鹦鹉”指代武氏，以“鱼鸟相依同一家”的动物故事塑造了“武氏与李唐一家”的权力地位。[①]凤凰、赤雀祥瑞在武则天朝被不断地强化，陈子昂在《大周受命颂》中写道：“凤者阳鸟，赤雀火精，黄雀从之者土也。土则火之子，子随母，所以纂母姓。天意如彼，人诚如此，陛下曷可辞之？”通过以赤雀象征武氏之火德，以黄雀象征李唐治土德，在传统的五行终始说中，火德生土德，以此隐喻武周、李唐政权交替的合法性。

斗鸡游戏在唐代的流行相较于魏晋南北朝有过之而无不及，唐玄宗酷爱斗鸡，设鸡坊饲养斗鸡数千只，引得坊间竞相效仿。“神鸡童”贾昌因擅长驯养斗鸡，应召入宫，由原本的市井小儿一跃成为皇帝身边的红人。时人感叹寒窗苦读不如斗鸡小儿，《东城老父传》吟道：“生儿不用识文字，斗鸡走马胜读书。”

唐代，宠物多方面地参与到了宫廷生活中。西域诸国经由丝绸之路进献的珍奇动物是唐朝经济繁荣、文化开放的明证。皇宫里的猫、狗、鹦鹉等动物与皇室朝夕相伴，受到了皇帝、

① 详参孙英刚、朱小巧：《“离猫为你守四方”——〈大云经神皇授记义疏〉中的武则天》，《社会科学战线》2022年第2期。

嫔妃乃至宫女、宦官的宠爱，其宠物身份越发明确。唐朝隆重的舞马表演昭示着盛世的威仪。武则天朝的“赤雀瑞应”，以动物祥瑞为载体赋予了政治博弈的真实目的。安史之乱中，五坊里被精心饲养的珍禽异兽，也受到了变乱的影响，或忍饥挨饿，或流散至宫外。德宗时期，下令将五坊内的驯犀、驯象、斗鸡、鹰犬等全部放归山野，藩国及边疆地区进贡动物的现象逐渐减少，此后舞象、舞犀等表演也大大减少。总之，唐代皇宫里的宠物反映着盛世的辉煌，也折射着安史之乱后的衰落。

宋代，中国文化又进入一个繁荣发展的历史阶段，宫廷生活也呈现出精致化、文人化的特点，皇宫里的宠物文化也逐渐倾向精致、内敛。相较于汉、唐两朝通过异域珍兽彰显王朝威仪，宋代皇宫中的宠物更多地体现出了耐人寻味的文人雅趣和对日常生活的审美观照。

宋朝皇宫里的内苑司是专门的宠物机构，掌管各类宫廷宠物的养护工作，由内苑使统筹安排宠物的饲养、看护和训练等事宜，此外还有专门负责采购宠物食品、用品的采买吏，还有精通动物习性，负责驯化宠物的驯兽师。可见，宋朝皇宫对宠物的照料和养护是极为重视的。宋朝的园林建筑蓬勃发展，动物在园林建筑中也有了专门的住所，北宋外苑中的玉津园常常被人视作宋朝的“动物园”。玉津园中豢养着番邦诸国进贡的珍禽异兽，有交趾驯象、占城金毛狮、天竺狻猊，还有珍贵的孔雀、白鹇、白驼等动物。宋朝皇帝经常大宴群臣，其中就有不少宴请活动设在外苑，玉津园也是皇帝游宴之所。宋代诗人杨侃在《皇畿赋》中描述玉津园“景象仙岛，园名玉津，珍果献夏，奇花进春……有麒麟含仁，驺虞知义，神羊一角之祥，灵犀三蹄之瑞。狻猊来于天竺，驯象贡于交趾。孔雀翡翠，白鹇素雉”，玉津园的热闹景象可见一斑。

宋人最为热衷的宠物便是猫了，这在宋朝皇宫里也不例外。《梦粱录》记载，宋人喜欢养“狮猫”，“猫，都人畜养之捕鼠，有长毛白黄色者称曰狮猫，不能捕鼠，以为美观，多府第贵官诸司人畜之，特见贵爱。”[①] 这种狮猫，不能抓老鼠，但是毛比较长，外形美观，在宋代受到了广泛的喜爱。其中，毛色呈纯白

① （南宋）吴自牧:《梦粱录》卷 18《兽之品》，商务印书馆，1960 年，第 169 页。

色的狮猫品相最佳，也最为昂贵。在宋代，猫成为了不折不扣的宠儿，并且获得了“狸奴”或“小狸”的爱称。宋人养猫需要经过聘猫仪式，需精心准备一份“聘礼”，包括盐、鱼等。黄庭坚就是一位爱猫的诗人，他在《乞猫》诗中这样写道：“闻道狸奴将数子，买鱼穿柳聘衔蝉。”陆游的《赠猫》诗里也写了给猫准备聘礼的情节：“盐裹聘狸奴，常看戏座隅。”宋人爱猫，不仅以猫入诗，还喜欢画猫，最具有代表性的便是宋徽宗所画的那幅《耄耋》了。在这幅画里，宋徽宗取了“猫”和“蝶”的谐音，惟妙惟肖地将猫追蝶舞的场景定格在画中。

除了猫以外，宋朝皇宫还喜欢养狗、养鸟、养鱼。北宋时期，皇家尚保持着射猎习俗，宫廷中专门饲养猎犬，专门供皇帝每年春秋两季的“射猎大礼”。宋代还流行将小型犬作为宠物饲养。宋太宗也是爱狗人士，养了一只桃花犬。淳化年间，合州进贡了一只桃花犬，小巧可爱，深得太宗欢心，太宗常常把它抱在卧榻边。上朝的时候，帘子才掀开，太宗还没来，这只桃花犬便摇着尾巴先来了。宋人曾以此赋诗《桃花犬歌呈修史钱侍郎》曰：“宫中有犬桃花名，绛缯围颈悬金铃。先皇为爱驯且异，指顾之间知上意。珠帘未卷扇未开，桃花摇尾常先至。夜静不离香砌眠，朝饥只傍御床喂。”宋徽宗喜爱养鹦鹉，将一只五色鹦鹉视若珍宝，并为它画了一幅《五色鹦鹉图》。

宋朝时期，宠物更进一步地融入到宫廷宴饮娱乐活动中来，虽然宫廷宠物在前代也参与到了宫廷生活中，但是宠物的娱乐价值在宋朝皇宫中得到了弘扬。据《宋史》记载，赏花、钓鱼成为了宋朝曲宴中的常规活动。雍熙二年（公元 985 年）四月二日，宋太宗于后苑大宴群臣，“赏花、钓鱼，张乐赐饮，命群臣赋诗习射”，[①] 赏花曲宴自此开始。咸平三年（公元 1000 年）二月，宋真宗在后苑举行曲宴，并“作《中春赏花钓鱼诗》，儒臣皆赋，遂射于水殿，尽欢而罢”。[②] 宋太宗对赏花钓鱼宴参与官员的级别、规模、程序进行了一定的规范，便成为了一项宋朝官员无不翘首以盼的活动。太宗在赏花钓鱼宴召集的群臣包括“辅臣、三司使、翰林、枢密直学士、尚书省四品两省五品以上、三馆学士”等官员，在皇宫后苑设宴张乐（布置音乐、

① 《宋史》卷 113《礼十六》，北京：中华书局，1977 年，第 2692 页。

② 《宋史》卷 113《礼十六》，北京：中华书局，1977 年，第 2692 页。

娱乐节目)、赏花、钓鱼，并且命群臣赋诗习射。因而，很多官员留下了大量的“赏花钓鱼”诗赋。这一活动成为了宋朝皇帝与群臣交流互动的载体，起到了笼络人才、稳固统治的作用。

宋代，饲养宠物不再是皇家贵胄的专属，文人雅士乃至普通百姓饲养宠物的现象也极为普遍。宋代还是一个实现了经济繁荣发展的时代，社会对于宠物的需求蔚然成风，便催生出了新兴的“宠物经济”。北宋汴京城内有售卖鹰鹘的鹰店，南宋杭州城里有已具规模的宠物市场，除了猫猫狗狗以外，还有诸多贩卖龟、金鱼的店家，在宠物市场上还能找到促织、蝌蚪、小螃蟹等小动物。宋人与宠物之间的关系更加密切，主人往往会给心爱的宠物置办“猫窝”“狗窝”“鸟笼”，甚至还给它们佩戴精致华丽的装饰品，因而宋代还有专门销售宠物吃食、应用之物的商贩。据《武林旧事·小经纪》记录，杭州城内就有出售鱼食、虫食、虫蚁笼、促织盆等。在宋代宠物市场上，为宠物服务的周边商品充盈于市，一方面反映了宋代经济的繁荣，同时也体现出宋人对宠物的悉心和宠爱。

总体而言，宋代皇宫宠物较前代，除彰显王朝威仪和祥瑞寓意之外，更增添了文人式的雅趣和审美关怀。宫廷动物更多地以宠物身份被书写进诗词作品中，被定格于画作里。宋人与宠物的关系更加亲密无间，普遍注重宠物之于人的互相陪伴和情感交流。从这个角度看，宋人对宠物的关注，体现了他们擅于在日常生活中发掘出意义和趣味，这也与宋代社会文化趋向于雅致、细腻、内敛的特征相契合。

元代，作为以蒙古族为主体建立的王朝，宫廷里的宠物文化呈现出了文化融合的特征，既有中原传统的宠物文化，同时又受到了游牧文化的影响。元朝国祚较短，关于皇宫宠物的记载不多，但是从《元史》《南村辍耕录》《马可波罗行纪》等相关记载仍反映出元朝皇宫宠物的游牧文化特征。元朝统治者最喜爱的宠物当属猎鹰。元朝统治者延续了蒙古游牧打猎的传统，每当暮冬初春时节，皇帝便到京城近郊围猎，“纵鹰隼搏击”，谓之“飞放”。[①] 因而，元朝专门设置了“鹰房”，专为天子围猎提供猎鹰，鹰房里的鹰人世袭为鹰户，享受减免徭役的

---

① 《元史》卷 101《兵四》，北京：中华书局，1976 年，第 2599 页。

待遇。女真每年都向元朝进贡海东青，最受元朝统治者青睐的便是“白海青”。围猎时，除了猎鹰以外，猎犬、狮子、猎豹和山猫等猛兽也是重要的参与者。《马可波罗行纪》中就记录了忽必烈汗声势浩大的围猎活动：每年的12月至次年2月，在郊外四围相距四十日程的土地被用作猎场，猎户打猎捕鸟，所获的鸟和大兽都要贡献给大汗；忽必烈在宫中豢养豹子、狮子、山猫、猎犬等动物以备捕猎之用；宫中还有两个男爵专门管理猎犬队，大汗出猎时，每个男爵率领两千人，每人携带一头或两头猎犬，于是忽必烈旷野行猎时，可以看到无数头大型猎犬奔驰追逐熊、鹿、兔等猎物。[①] 元代画家根据刘贯道作《元世祖出猎图》，为后世保留了元代围猎活动的真实场景：在北方沙漠地带，远处的沙丘上，正有一列驼队走过；以忽必烈为中心，数人骑马行猎，有的手持猎鹰，有的用绳牵着猎豹，还有一人正瞄准了空中的苍鹰，弯弓搭箭，其余几人则不约而同望向了忽必烈身后红衣男子所指的方向，似乎都发现了远处的猎物。元

① ［意］马可·波罗著，冯承钧译:《马可波罗行纪》，上海:上海书店出版社，2001年，第228—230页。

朝皇宫除了将动物用作围猎之途外，还在宫中苑囿豢养大象、鹿及金鱼等动物，用来赏玩，还有专门的驯象师调教大象跳舞。总之，元朝皇宫里的动物具有游牧文化与农耕文化融合的特征，一方面延续了以珍禽异兽彰显大国威仪的前朝做法，另一方面又凸显了蒙古游牧行猎的文化习俗。

明代皇宫宠物文化呈现出了多元化的复杂生态。明代既延续了传统王朝对于祥瑞动物的热衷，又展现出对搜寻域外动物的浓厚兴趣，例如前文所述郑和下西洋的过程中带回的“麒麟”等动物。与此同时，宋朝对宠物产生的文人雅趣式的情感投射也延续至明朝。另外，朱元璋建立明朝基业后，通过一系列的制度改革和律法完善，一步步加强了中央集权，受到皇权强化这一时代背景的影响，一些特定的动物被塑造为具有特殊隐喻内涵的载体。

明代修建了大型的皇家苑囿，明成祖迁都北京后，将京城外南海子作为皇家围猎之所，陆续修建了围墙、路桥、晾鹰台等。南海子放养着大量的獐、鹿、兔、雉等动物，为皇帝行猎所用。明朝皇城里还有一处西苑，其中豢养着大量的珍禽异兽，边疆地区及诸蕃国所贡献的动物也被豢养在西苑。因而，明朝皇宫里的宠物丰富多样，有老虎、豹子等猛兽，有鹰、孔雀、鹦鹉等各种飞禽，还有“麒麟”等海外异兽，如同一个大型动物园。

但是最受皇帝、妃嫔喜爱的明星宠物便是“猫儿”。明代流行养“狮猫”，即由波斯猫和临清当地猫杂交培育而成。明朝皇宫里养着许多猫，专门设置“猫儿房”豢养这些猫。据明人刘若愚所著的《酌中志》记录：“猫儿房，近侍三四人，专饲御前有名分之猫，凡圣心所钟爱者，亦加升管事职衔。”[①] 明代皇家对猫非常宠爱，安排专人照料猫的饮食起居，还给一些猫名分，若能获得圣上钟爱，还能高升为“管事”，享受丰厚的赏赐。嘉靖皇帝就养了一只宠物猫，唤作“霜眉”，霜眉非常聪明，善解人意，日夜陪伴在嘉靖身边。据《万历野获编》载：“至于御前又最重猫儿，其为上所怜爱及后妃各宫所畜者，加至管事职衔，且其称谓更奇：牝者曰某丫头，牡者曰某小厮；若已骟者，则

① （明）刘若愚：《酌中志》卷16《内臣职掌纪略》，北京：中华书局，1985年，第132页。

呼曰某老爹，至进而有名封，直谓之某管事，但随内官数内同领赏赐。”[①]霜眉死后，嘉靖命人为它准备金棺厚葬于万岁山，还立了一座碑，上题“虬龙冢”，还令诸儒臣为霜眉撰写悼词，众人一筹莫展，唯有大学士袁炜写下“化狮作龙”等词，令龙颜大悦。[②]

除了猫以外，明代宫廷里也养了许多狗，《酌中志》中提到，西华门狗 53 只，御马监狗 212 只，一年之内，仅喂养这些狗就要耗费大量的食物，包括猪肉、羊肉、肝、谷、粟等。皇宫里的狗能够看家护院，其中的猎犬可以用作狩猎，明武宗就喜欢带着训练好的猎鹰和猎犬去狩猎。鸽子也是明代宫廷中喜爱养的宠物，明初时期皇宫就设有“鸽子房”，负责养鸽、驯鸽。其余如鹦鹉、金鱼、蟋蟀等也是明代皇宫里常见的宠物。朱瞻基最喜欢斗蟋蟀，在宫里设“促织局”，曾经诏苏州知府进献数千只蟋蟀，一时民间有歌谣云：“促织瞿瞿叫，宣德皇

---

① （明）沈德符：《万历野获编·补遗卷一·内廷豢畜》，北京：中华书局，1959 年，第 812 页。

② 《明史》卷 193《袁炜传》，第 5118 页。

帝要。”①

明代皇宫里还豢养了不少大型猛兽，并且为它们修建了专门的住所如虎城、豹房等。虎城建在太液池西北隅，虎城的旁边还建了一座豹房，里面豢养着大大小小的老虎、豹子多达几十头，都用铁栅栏关着。明武宗好骑射，喜欢养猛兽，自从正德二年开始，他甚至搬出大内，住在豹房，直到正德十六年驾崩，豹房便成为了他实际的住所和处理朝政的地方。武宗尚武，曾亲自搏虎为乐，《明武宗实录》正德九年九月庚午条载，他曾“狎虎被伤”。“武宗搏虎”的故事在后世不断被书写，与终日酗酒、强夺民女等故事一起成为了武宗荒诞行径的事例。

明朝皇宫在豢养宠物及动物方面已经建立起一套较为成熟的管理制度，并且不惜人力、物力，皇宫宠物的饮食用度甚是奢华，所费之巨令人瞠目。明朝皇宫里的宠物与宫廷文化产生了深入、全面的联系。总之，明朝皇宫宠物文化呈现出制度化、多元化的趋势，从郑和船队的“麒麟”到西苑豹房的猛兽，这

① 《万历野获编》卷24《技艺·斗物》，第627页。

些动物交织成明代宫廷宠物的复杂生态。

15 世纪以来，随着地理大发现的狂飙突进，世界历史进入全球化的发展阶段，便捷的交通、高新的技术以及高扬的开拓精神使得人类历史前所未有地跨越高山海洋的阻隔，建立了越来越密切的联系。我国历史在清代的进程受到了全球化浪潮复杂而深刻的影响。在这样的时代背景下，清代皇宫里的宠物文化一方面继承了宋代以来的文人雅趣，另一方面凸显出中外文化交流的特色，使得清代宠物呈现出多元性。从康熙帝的猎鹰到慈禧太后的京巴犬，从圆明园的孔雀到紫禁城的蟋蟀罐，这些生灵既承载着中国古代宫廷文化的传统，反映着古老的皇权威仪，又通过宠物之眼观看世间万象，留下了清王朝由盛转衰的微观镜像。

清朝延续了骑射文化传统。终清一朝，统治者大多注重围场狩猎活动。清朝建有五座大型围场，以供皇家狩猎之用。清初，顺治帝便在京城南郊建立了南苑围场，康熙帝统治时期，在塞外建了四个围场，包括木兰围场、盛京围场、黑龙江围场等，其中最著名的便是木兰围场。围场里水草丰美，各种鸟兽生息繁衍，形成了自然生态链。康熙、乾隆最喜欢在木兰围场狩猎。木兰围猎活动又称“木兰秋狝”，是清朝皇家围猎活动中最为隆重的，自康熙至嘉庆时期，木兰秋狝长期不间断举行。几乎每年秋天，清朝皇帝亲自率领群臣马队，携带猎鹰、猎犬，浩浩荡荡前往木兰围场进行围猎。据统计，康乾盛世之际，皇家曾到木兰围场打猎 110 次，其中康熙帝 48 次，乾隆帝 47 次，嘉庆帝 15 次。[①] 康熙在木兰秋狝时，曾多次捕获、围住老虎，所获獐、鹿更是无以计数。

受到围猎文化的影响，清朝皇宫颇为重视马、鹰、犬等动物的豢养。清朝皇宫设内外养狗处专门饲养、训练皇家猎犬；先设御马监，后改为上驷院，专门为皇宫饲养马匹；设驯象所豢养贡象；设养鹰鹞处负责驯养猎鹰；设鸽子房驯养鸽子供皇室赏玩。值得注意的是，清朝还修建了一座万牲园，即为今北京动物园的前身。1907 年初建，里面豢养着无数的珍禽异兽，还有蕃国贡献的动物以及皇宫向国外采购的动物。据《清稗类

① 万依、王树卿、路燕贞主编：《清宫生活图典》，北京：紫禁城出版社，2007 年，第 81 页。

钞》记录，万牲园中有“鳄鱼、油鸡、斑马、德鹿、熊、狮、狼、猎犬、仓白猴、箭猪、金跳鼠、猕猴、东陵狐、印度豹、梅花鹿、羚羊、东陵貉、印度树猫、水旱獭、象、花猪”等兽类，还有“秃鹫、丹顶鹤、鸵鸟、雉鸡、金翅雀、鹦鹉、芙蓉鸟、沉香鸟、青珍珠鸟、相思鸟、时辰雀、白玉鸟、紫丁香鹦鹉、倒挂线鹦鹉、鲵鱼鸥、枭鹰、啄木鸟、白斑鸠、松鸦、喜鹊、戴胜鸟、长寿鸟、鸽翻毛鸡、七面鸟、绒毛鸡、�、白鹈鹕、姊羽鸟、髻鹤”等禽类。[①] 万牲园可谓是一座品类齐全的近代动物园，除了具有观赏价值以外，还以生动的方式展现了天朝上国之威仪。故宫博物院馆藏的《乾隆观孔雀开屏贴落》，曾张贴于圆明园某殿内，有学者推测这幅画的主体部分可能出自意大利传教士画师郎世宁之手。这幅画展现了乾隆观赏孔雀开屏的场景，令观者如身临其境般观看清朝盛世时期华贵的宫廷生活。

清朝皇宫里，皇帝和后妃大都喜爱养宠物，宠物为皇宫增添了不可多得的活跃气氛，在长年累月的秩序感极强的宫廷生

① 徐珂:《清稗类钞》第一册《园林类·万生园》，北京:中华书局，1986 年，第 198 页。

活中，宠物的陪伴对皇室成员们而言是极为珍贵的。就连以勤于朝政闻名的雍正皇帝，也对自己心爱的宠物狗和鹌鹑、鹦鹉

《乾隆观孔雀开屏贴落》①

① 郎世宁，《乾隆观孔雀开屏贴落》，现藏于故宫博物院，https://www.dpm.org.cn/collection/paint/228967.html。

等珍爱有加，几乎每年都要命宦官为自己宠物准备麒麟衣、狗窝、鸟笼等。清朝皇宫里最流行的宠物便是京巴犬，后妃、公主甚至太监大多养着自己的宠物狗，养宠物狗成为了皇宫里重要的娱乐消遣。晚清宫廷画家黄际明、李廷梁，曾绘制了一幅《九狗图轴》，图中所画的九只京巴犬是端康皇贵妃养的宠物。慈禧太后对自己豢养的宠物狗、鹦鹉表现出了万般怜爱，她最喜欢的宠物是一只唤作“海赖”的京巴犬，每当会见各国公使夫人的时候，慈禧太后便携带自己的爱犬一起出席。在慈禧太后留下的一些照片里面，就有不少宠物狗的身影。

值得注意的是，清代皇宫出现了大量的动物、植物画谱。虽然画谱在我国宋代或更早就已经出现，但是在清朝实现了繁荣发展。清代自康熙帝开始，便非常重视画谱创作，他们令画师创作画谱，这些画谱除了具有一般的观赏价值以外，还可以用来鉴别物种。北京故宫博物院就存有康熙年间的《海错画谱》《鹁鸽谱》；乾隆朝的《仿蒋廷锡鸟谱》《兽谱》和道光年间的

《鸽谱》。[1]这些画谱，分门别类地以绘画的形式保存了不同的生物形态，兼具科学性和艺术性，不仅代表了清代动植物绘画的艺术水准，还具有一定的生物科学价值。这些画谱，以皇宫宠物为对象，以一个微观的角度展现了清朝由传统迈向近代的历史趋势。

回望历史长河，上林苑的虎啸与椒房殿的猫鸣早已消散，但那些穿梭于宫阙之间的生灵，却为后世留下一个有关皇宫的历史记忆：这里有汉武帝借天马西征的壮志，也有无数宫女宦官在深宫岁月中，与狸奴对视时刹那的温柔。当我们在博物馆凝视古代陶俑、青铜器、玉器中憨态可掬的狗、鹤、鹦鹉时，观赏被定格于画布上的花、草、虫、鱼、猫、狗、孔雀、骏马时，体验到的不仅是艺术的温度，更是一个个凝固在特定时空中的生灵，将过去的故事凝结成一段段编码，穿过时间的长河，等待后来人的解读。

① 李湜:《清代宫廷的动物画谱》,《东方艺术》,2007 年第 3 期。

番外

百花争艳：植宠养成日记

钱塘湖春行

（唐）白居易

孤山寺北贾亭西，水面初平云脚低。

几处早莺争暖树，谁家新燕啄春泥。

乱花渐欲迷人眼，浅草才能没马蹄。

最爱湖东行不足，绿杨阴里白沙堤。

谈及宠物，我们总会首先想到活泼跳跃的动物，但随着人类对自然的理解越发深刻，植物也逐渐进入人类的视野，成为日常活动中非常重要的一部分。百花之芳，可抚人心。植物在中国传统社会当中，也发挥着明志、喻己的重要作用。有人将兰花当作知己，有人以菊花表明志向，而牡丹，更是成为一个时代的标志，深入人心。让我们将“宠物”的范畴再拓宽一些，看看那些在人类历史中留下深刻印记的别样“宠物”。

一、洛阳花会：唯待春风看牡丹

“人道洛阳花似锦，偏我来时不逢春。”

牡丹，是句芒神留给人间的。

周敦颐在其名篇《爱莲说》中先说“自李唐来，世人甚爱牡丹”，后又提到“牡丹，花之富贵者也”。[①]牡丹因其花型巨大，颜色艳丽，备受唐人推崇，后世更称其为“花中之王”。但回顾这位“花王”的成长史，绮丽之下，似乎又有幻梦一般的怅然。世间何来富贵种，只道曾领一时春。

孟子曾说：“舜发于畎亩之中，傅说举于版筑之间。”[②]牡丹亦不例外，花王的前身，本是一味药材。女娲炼石补天，遗下五彩灵石，百年之后，化为悟空、哪吒，变化惊世，威震凌霄，为千百年来抗争精神之最。神农遍尝百草，仁心济世，传下《本草》一部，福泽后人，牡丹便收录在其中。牡丹之名，源自药材，“牡”，意为“雄”，因其根茎为赤色，故得“丹”字。“牡丹，一名鹿韭，一名鼠姑，味辛，寒，无毒，治寒热。”[③]春神最后一位侍者降于山林之间，“与荆棘无异，土人皆取以为

---

① （北宋）周敦颐著，陈克明校：《周敦颐集》卷 3《杂著 · 爱莲说》，北京：中华书局，1990 年，第 53 页。

② 方勇译注：《孟子 · 告子下凡十六章》，北京：中华书局，2010 年，第 253 页。

③ 马继兴主编：《神农本草经记注》，北京：人民卫生出版社，1995 年，第 238—239 页。

薪。"[①]初心质朴，无谓贵贱，布衣荆钗，鲜为人知。亦因其尚无倾国之貌，魏晋以前的文艺作品中，少有牡丹的身影，直至顾恺之作《洛神赋图》，牡丹才得以在百花之中留一浅瞥。

花王的蜕变史，世人已无从知晓。后世印象中的牡丹，大抵源于与芍药的嫁接培植，因此，牡丹在唐代又被称为"木芍药"。春神侍者再次出现在史书中，形象大不似前，除却褐衣短，金紫缀衣冠，宋人舒元舆所作《牡丹赋（并序）》中提到，天后（即武则天）居于长安后苑，感叹院中少有颜色，于是命人自家乡西河众香精舍移种牡丹。唐人对牡丹的推崇，盖由此始。

牡丹与武则天的联系，或是人为，或是天意。是以花喻人，亦是以人成花。武则天以才人为始，以女帝为终，恰似牡丹雍容出世，为前人所不能。名不落俗，自领一风，武则天上承贞观，下启开元，乾陵无字碑伫立，是非功过，留与后人说。若执当年居田亩，君可退避暮春香。

① 傅云龙、吴可主编：《唐宋明清文集》卷1《宋人文集》，天津：天津古籍出版社，2000年，第365页。

女性与牡丹的故事，并未因武则天的离去而终止，牡丹的华贵，由贵妃延续。牡丹之盛，自女皇之后，遂成为唐代宫廷风尚，唐玄宗尤爱之。开元年间，唐玄宗命人将四株不同色的牡丹移至兴庆池东沉香亭，与杨贵妃一同观赏，并传李龟年、李白随行唱和。由是，李白作《清平调》三首。

名花倾国两相欢，常得君王带笑看。解释春风无限恨，沉香亭北倚栏杆。

唐玄宗对牡丹的喜爱，自然也得到周围人的附和，形成一时风尚。杨贵妃长兄杨国忠曾得唐玄宗赏赐牡丹，移种于家，以沉香筑阁，檀香做栏，又用麝香、乳香掺入细土，和泥造墙，不可谓不奢侈。每到春末牡丹盛开之时，杨国忠还广召亲友，游园赏花，此间富贵，禁中亦不能比。游赏牡丹，随即成为中晚唐时期官宦豪绅、文人居士的重要活动。刘禹锡对此曾写道：

唯有牡丹真国色，花开时节动京城。

牡丹在唐代并不是随处可见，主要种植区域，除宫廷、官员私邸外，便是长安佛寺，慈恩寺便是其中代表。

慈恩寺，又名大慈恩寺，是唐高宗李治为纪念其母文德皇后所建，寺内壁画则为唐初著名画家阎立本、吴道子等人所作，满壁辉煌。永徽三年，玄奘法师上请筑塔，此塔便是西安地标性建筑——大雁塔。慈恩寺作为皇家寺院，与牡丹的联系必然不浅，不仅数量巨大，而且种类繁多，是长安百姓春末赏花的首选去处。唐人裴士淹《白牡丹》一诗便提到：

长安年少惜春残，争认慈恩紫牡丹。

《剧谈录》则有记载，慈恩寺的一位老僧用二十年培育出一丛殷红牡丹，朝中名士前来游赏，老僧再三嘱咐莫要外传。但异品牡丹的消息还是不胫而走，引得名士争相取买。这株耗费老僧二十年心血的殷红牡丹，最终也被人以金三十两、蜀茶二斤的价格强行挖走。唐人热爱牡丹至此，直叫人分不清是物以稀为贵，还是物以“炒”为贵，或者二者兼有。《酉阳杂俎》中还提到一则逸闻，长安兴唐寺亦种牡丹，其中一株不仅开花一千二百朵，颜色深浅各异，甚至育出花朵硕达七八寸之重台牡丹。《酉阳杂俎》以奇异闻名，此传说真假已不可辨，但从中仍可见唐人对于牡丹的痴狂。

唐人不仅在佛寺之内种植牡丹，敬奉神佛之时，也用牡丹，士人皆以为贵雅，与后世以莲花供奉佛像有较大差异。莲花素雅，牡丹雍容，长安春色，亦在佛陀眼中。

相较后世牡丹的多色繁类，唐代的牡丹颜色较为单一，以红、紫二色为主。一来是培育技术尚不完善，二来与唐人对颜色的选择有关，唐人偏爱红、紫二色。以唐朝服制来说，紫色官服非四品以上不得着，自然与权贵联系在一起，而红色绚烂夺目，恰好契合唐人审美，山河千里为雪封，当春更需连天红。

今人提及牡丹，大多想到洛阳。牡丹的推广种植，大致呈现出自西向东、自北向南的趋势。在中晚唐时期，洛阳、杭州、成都等地，逐渐出现牡丹的身影，但由于气候等原因，始终不如长安繁盛。发展至宋代，洛阳代替长安，成为牡丹之都。

花王移居洛阳，还有传闻一则，某年冬日，武则天于上苑饮酒赏雪，酒后作五言诗于白绢之上：

明朝游上苑，火速报春知。花须连夜放，莫待晓风吹。

而后，便命宫女焚绢，报与花神知晓。百花仙子收到白绢，大惊失色。翌日，武则天再游上苑，见百花竞放，唯余牡丹静默无息。武则天见状大怒，下令焚尽牡丹，并令将别处牡丹也连根拔出，贬出长安，流放至洛阳邙山。洛阳邙山沟壑交错，偏僻凄凉。武则天本欲将牡丹绝种，谁知牡丹在洛阳邙山长势良好，世人纷纷来此观赏。

此逸闻不知来源，大抵为后世文人附会讥讽之作，不可为信，但牡丹之名，确实也因洛阳而更为广播。

唐末乱世，又经五代纷乱，盛于两京的牡丹风尚亦因长安的颓败而逐渐式微，至北宋时，洛阳跃居而上，成为牡丹文化的中心。洛阳在汴京以西四百余里，气候宜人，适合牡丹生长。欧阳修西京留守推官时，曾作《洛阳牡丹记》，详记洛阳牡丹二十余种，还提及文学家钱惟演曾于屏风上书牡丹名九十余种。可见洛阳牡丹产业之盛。由此，围绕牡丹与洛阳衍生出独具北宋特色的牡丹文化。

每年春末，西京留守将亲选洛阳牡丹极优者，进献皇帝，此为“贡花”。欧阳修《洛阳牡丹记》中曾记录自己为皇帝选花的经历，西京留守每年派遣牙员一名，乘驿马，经一日一夜送抵京城。所进不过魏紫、姚黄数朵，放于竹笼之内，下覆菜叶，防止运输过程中花瓣受损，同时以蜡封花蒂，如此能保证牡丹数日不落。

前文提到的魏紫、姚黄，是北宋时培育出的新品种牡丹，在今日亦负有盛名。至宋徽宗时，民间牡丹培育技术进一步发展，出现又一品种，该花种花瓣为浅碧色，因其培育人姓欧，故而又称欧家碧，与魏紫、姚黄属于同种的命名方式。此花一出，便得宋徽宗喜爱，专用以赏赐内侍近臣，而外臣一概不得见。由此足见其珍贵。

与唐人一样，宋人也有赏花的习惯，二者不同之处在于，唐人的赏花局限于上层贵族之间，而宋人的赏花则成为一种具有大众性、普遍性的活动，亦是《洛阳牡丹记》所载：

洛阳之俗，大抵好花。春时城中无贵贱皆插花，虽负担者亦然。花开时，士庶竞为游遨，往往于古寺、废宅有池台处，为市井，张帟幄，笙歌之声相闻。最盛于月陂堤、张家园、棠棣坊、长寿寺、东街与郭令公宅，至花落乃罢。[①]

正如范仲淹在《岳阳楼记》中所说，宋代士大夫常抱有“先天下之忧而忧，后天下之乐而乐”的儒家济世安民精神，或与其出身寒微有关。以天下为己任，致君尧舜上，再使古风淳，成为宋代士大夫的至高追求。与民同乐，是这一愿景的现实体现，欧阳修所作《醉翁亭记》亦是此意。

德崇三代，驾比汉唐，是宋人士大夫经历五代乱局后的政治理想。洛阳牡丹，寄托的是文人士大夫修齐治平的济世情怀。除此之外，牡丹与梅花，在北宋时期也一并成为文人的精神实

① （北宋）欧阳修著，洪本健校笺：《欧阳修诗文集校笺》，上海：上海古籍出版社，2009年，第1891、1900页。

体。牡丹诗与咏梅诗大量出现。梅花内秀，牡丹外放，修心治世，相得益彰。北宋文人，凌寒傲雪的同时，也期待春满天下。

自靖康南渡之后，宋人的诗词中便再难见牡丹。东风再绿江南岸，不见故园旧牡丹，牡丹的身上，再多一丝憧憬与缅怀。看不见的牡丹，回不去的故国，江南旅人，逢春徒获伤悲。

牡丹在百姓的日常生活中，呈现出的是前所未有的繁荣。除前文提到的魏紫、姚黄、欧家碧之外，洛阳民间还培育出百叶仙人、月宫花、雪夫人、蓬莱相公、火焰奴、太平楼阁等多种新式牡丹，牡丹培育进入新阶段。花匠不仅比拼颜色，更比拼技艺，同朵异色，花瓣千重。牡丹争艳之风，至明清依然盛行，豆绿牡丹，便是其中代表，清爽雅致，别有韵味。除培育新品种，记录牡丹种类的花谱也随之现世，欧阳修所作《洛阳牡丹记》、陆游所撰《彭州牡丹谱》便是其中翘楚。

牡丹乃是暮春之彩，经人培育，焕发暮春之盛。东风携雨南来，至此，燃尽最后一丝活力。春去不是百花落，牡丹盛开，春光仍在。

唐人罗隐在《牡丹花》一诗中写道：

似共东风别有因，绛罗高卷不胜春。若教解语应倾国，任是无情亦动人。

牡丹之色，最是动人。鲜花着锦，烈火烹油，如盛世之相，似盛世之影，可罗隐偏偏说它“无情”，或是怨它春尽方至，不能同享东风，亦是说它心高孤傲，内有奇志。遥想红楼群芳夜宴，林黛玉抽中“莫怨东风当自嗟”，最终焚稿断痴情，薛宝钗“任是无情也动人”，当真可叹。

牡丹的豪放艳丽，与汪曾祺先生笔下的栀子花相同亦不同。后者轰轰烈烈，不拘小节，“香得痛痛快快”，而前者则在幻梦之中掺杂着一丝轻叹。再是艳丽无双，还是暮春时节，细想之下，竟如红楼女子，千里东风一梦遥。寻常花开二三月，牡丹来时，百花皆落。环顾不闻声，一人亦是春。

牡丹经由唐代皇室的宠爱，更增添了一份雍容华贵的内涵。后世养花人对牡丹尤为偏爱，甚至出现了“洛阳牡丹甲天下”的美名。

二、幽谷佳兰：再见，山巨源

景元四年，嵇康写下《与山巨源绝交书》，金兰义断，同年，再寄《与吕长悌绝交书》一封，广陵散绝。君子耿介，其身如竹，其心如兰。非嵇叔夜怒而弃友，实浊世难育佳兰。嵇康两封绝交书，亦是与俗世的告别宣言。

山阳野人，疏懒成性，醒时灌园锻铁，醉后玉山倾颓。一如其在《五言赠秀才诗》中所写：

长鸣戏云中。

时下息兰池。

自谓绝尘埃。

终始永不亏。

陶渊明种豆南山下，以菊自比；嵇叔夜放浪竹林中，激扬愤世。门阀当道，礼乐不古，寒门无入仕之径，君子无治世之途，若诸君见世事如此，也应效阮籍穷途当哭。

竹林七贤，不仅是魏晋文人的楷模，更代表当时的一种反抗精神。沧浪之水清兮，可以濯我缨；沧浪之水浊兮，可以濯我足。黄河、长江之水，清浊不由己，但君子之清浊，全由心定。七贤所谓畅达随性，恰如白鸽挣脱牢笼后散落的白羽。君莫悲我失富贵，我更惜君无自由。嵇康与山涛，就相识于此种情景之下。《世说新语》曾记载，山涛、嵇康、阮籍三人，一见如故，结契为友，三人“契若金兰”。

“金兰”二字，出自《易·系辞上》，其篇有言：“二人同心，其利断金；同心之言，其臭如兰。”[①] 世间最坚者，金也；世间至芳者，兰也。君子之交果应如是，其利断金，同心常馨。人有君子，花中亦有君子——梅、兰、竹、菊。其中最为人们所追捧的，便是“兰”。

① 黄寿祺，张善文译注：《周易译注》卷9《系辞上》，上海：上海古籍出版社，2007年，第385页。

兰有兰花、兰草之分。前者喜寒、畏水，常生高山之上，十月至次年五月为其花期，花朵部分是其香味主要来源，一枝通常只有一花，被宋人称为今兰。一定要用生物学的方式划分的话，兰花，应该叫兰科兰属植物，春、惠、建、墨四种为其代表；后者居溪泽之畔，逢春而生，遇秋乃枯，香味产自叶片，味辛，可入药，也可作为香料燃烧，宋人称其为古兰，属于菊科泽兰属植物，北宋以前文学作品所说的兰，多指此类。

兰的历史，与山中君子紧密相连。

《越绝书》曾记载，勾践于渚山种兰。吴越之战，勾践大败，曾献西施向夫差求和，而兰草，应当也是进献物品之一。在此之后，勾践卧薪尝胆，越甲三千终吞吴。当他回望渚山之兰，风起阵阵，青叶丛丛，卧薪之志，应如兰香在侧。

古人咏兰，大抵因其芳香出众。孔子曾说："与善人居，如入芷兰之室，久而不闻其香，则与之化矣；与恶人居，如入鲍鱼之肆，久而不闻其臭，亦与之化矣。"[1] 兰草多生于湖泽溪流之

① 王国轩，王秀梅译注：《孔子家语》卷 4《六本第十五》，北京：中华书局，2011 年，第 198 页。

畔，叶片晒干之后，既可入药，也可作为熏香。《夏小正》中便有记载，五月酷暑，煮兰汤，可做沐浴之用。该习俗流传至今，名为“浴兰节”，在屈原之后，便将浴兰节定为每年五月初五，以作纪念。

先秦时的人们，特别是楚国贵族，在祭祀时便会焚烧兰叶，以显示对神明的尊敬。久之，兰草在人们心中的地位得到提升。兰草亦因独特气味而成为美好品德的代名词。刘禹锡在《陋室铭》中说的“惟吾德馨”，便是这一思想的最好解释。同时，兰草焚烧之后能使周围器物都沾染上香味，古人便给予“兰草之德”更新一层解释——君子之德，得使同芳。君子的品行、道德能像兰草一样感染周围的人，成为众人学习的榜样。孔子说的“兰当为王者香”便是指贤臣当如兰草一样，能为君王提供辅佐。赋予事物特殊内涵，再以事物类比德行，是先秦文艺作品中较为常见的手法，即比德。而将此手法发扬至极的，当属屈原。

“高余冠之岌岌兮，长余佩之陆离”——屈原留给后人的背影，孤高忠贞，恰如他作品中的永恒主题——香草美人。屈原在《离骚》中曾说：“余既滋兰之九畹兮，又树蕙之百亩。”香草并非只存在于屈原的幻想之中，它与屈原所追求的完美人格一道，始终陪伴在他身旁。若一定要用一个形象去照应屈原的“香草”，应当是“帝子降兮北渚”。现实的无奈与楚国的神灵文化使得屈原的作品显现出不同以往的飘逸，今人常称这一特色为“浪漫主义”。东风飘兮神灵雨，山鬼亦是山人的自我想象，唯有如此，诗人才能在精神世界中，与自己为伴，于那时浑浊的世道，见到那位“香草美人”。

屈原在《离骚》中以兰草作为君子品格的象征，写道：“芳与泽其杂糅兮，唯昭质其犹未亏。”即使面对层层排挤、世事艰难，屈原犹不改其志，以兰草自喻，表明自己的决心与立场。香草与美人，象征着“德行”这一精神内核。国君被俘，山河飘摇，在本应同仇敌忾、一致对外之时，屈原被罢三闾大夫之职，对近在咫尺的危机无可奈何，最终以投江死谏作为自己的终章。朝饮木兰之坠露，夕餐秋菊之落英，兰生湖泽之畔，不因秋霜而枯，不因冬雪而亡。屈原种兰九畹，而树蕙百亩，未尝不是对内在德行的坚持，其在晚年失落之时，依然执着于自我精神的塑造与追求，不随世事而变，一如兰草，无人而芳。

从战国到六朝，兰草作为装饰植物已普遍出现在园林当中，宫廷园圃作为其中特出代表，亦广泛且大量种植。汉代大儒扬雄在其作品《羽猎赋》中写道：

望平乐，径竹林，蹂蕙圃，践兰唐。

平乐即平乐馆，位于西汉著名皇家园林上林苑当中，而“蹂蕙圃，践兰唐”一句显然是在描绘狩猎场景，能容纳马匹疾驰，想来园中兰草的种植面积应当十分可观。皇家园林对兰草的引进，使得“山中隐士”逐渐进入大众视野，从而发展为一时风尚。而对兰草的审美，亦起于此时，至六朝时，兰草都是文人墨客作品中不可缺少的元素。陶渊明、谢朓、萧绎等著名诗人都曾写过咏兰之诗，而兰草所代表的高洁贞士精神同样为人传颂。如此情况一直持续到唐代，都未有明显改变。兰草作为装饰性植物存在于园林之中，已是司空见惯之事，只是凡事皆有突破的唐人，在兰草观赏上无有建树一事，显得分外新奇。

兰，从古兰到今兰的转变，要从宋代开始。

今兰具体出现于何时，如今已难以考证，大抵因其身姿纤弱，香气清馥淡雅，枝叶细长而舒展，更得文人欣赏，故而逐渐在花卉培育中占得上风。另外，兰草得人喜爱，还因其特殊香味，兼具药用价值，而在中晚唐至北宋中期，海上贸易逐渐发展，蕃商浮海西来，所携香料巨万，人们日常用香不再局限于兰草，而多出例如檀香、乳香等选择，兰草在香料方面的优势，不复从前。

总之，大约到北宋仁宗年间，兰花逐渐代替兰草，占据人们视野，成为北宋花卉种植业中的新秀。今兰，也就是以春、惠、建、墨四种为代表的兰花，继承千年以来，文人对兰草的想象与寄托，成为“兰”的具体指代物。而古兰，并未因此回到山中，既已入世，便当尽力。虽然不再被大批量种植，但其药用价值，却在此次转变中突显出来。《本草图经》记载：“泽兰生汝南诸大泽旁……今妇人方中最急用。”[①]

---

① 唐慎微著，尚志钧等点校：《证类本草》，北京：中国医药科技出版社，2011 年，第 250 页。

当然，如此巨大的转变，必然引起人们的讨论，北宋历史上著名的“古今兰之争”便起于此时，代表人物有黄庭坚、陈傅良等。双方讨论的核心是：古兰、今兰的名实问题。陈傅良作《责盗兰说》，称今兰，“汝乃假兰之名，乏兰之德”，认为今兰空有其名，而不具备兰的品德。而黄庭坚则认为今兰便是古兰，其在《书幽芳亭记》中写道：“盖兰似君子，蕙似士……一干一华而香有余者兰，一干五七华而香不足者蕙。”一干一华，是今兰的特点。双方争论不休，旷日持久，直至清代，仍有文人参与这场讨论当中。文人追根问底的精神固然可贵，但今兰在花卉市场上的领先地位已是事实，无从撼动。

《清异录》曾记载，南唐国主李璟在宫中培育兰花，还赐兰花“馨列侯”的称号。至两宋时期，艺兰活动逐渐兴盛，兰花辅以怪石、建筑即成为园林一景，兰亭、兰轩等便为代表。兰花因其突出形象，成为文人园林中的常见花卉。随着花卉种植技术的提升，多生长于南方的兰花，被引种到北方，足可见两宋民间对于兰花的喜爱程度。技术迭代、文人引领，致使赏兰成为一时风尚，兰花价格水涨船高，兰花盗掘情况，屡禁不止。

南宋刘克庄曾写《漳兰为丁窃货其半纪实四首》：

离骚赏风韵，百卉莫之先。菊止香九日，菰曾臭十年。

麝房吾割爱，鲍肆尔垂涎。晏相惜花者，红梅被窃然。

南宋时期，应当是兰花种植与艺兰活动发展的巅峰期，民间活动的频繁以及新花种的培育促进兰花图谱的出现，赵时庚所著《金漳兰谱》、王贵学所作《王氏兰谱》便是其中代表。这两部著作不仅记述南宋福建地区的诸多兰花品种，还详细记载兰花的种植方法与经验，是南宋兰花种植培育情况的最好体现。两宋兴起的赏兰活动，其影响一直持续到明清时期，明清江南文人仍会参照宋人，每年举行大型兰花会，互相点评、观摩。明清时期，亦出现大批兰谱，明代张应文作有《罗钟斋兰谱》，清代朱克柔亦有《第一香笔记》。

除诗词之外，文人还会用书画表现对兰花的喜爱，并以兰花寄托其意志。北宋任谊、米芾应是最早画兰花的画家，但二人画兰作品均只在元人夏文彦所作《图绘宝鉴》中有所提及，真迹已失，无从以观。今日所能见兰花画作，以南宋赵孟坚《墨兰图卷》为最早。

墨兰图卷[①]

其人善画梅兰竹石，且首创墨兰画法，用笔墨直接画出兰叶，点出兰花，运笔飘逸灵动，兰叶舒展大气，似随风动。众多画兰的画家中，郑燮应是较为出名的一位，他的另一个名号更为人熟知，扬州八怪之一——郑板桥。他有句名言：“四时不谢之兰，百节长青之竹，万古不变之石，千秋不变之人，写三物与大君子为四美也。”[②]清人评价郑板桥，多用“狷介耿直”之

① 赵孟坚，《墨兰图卷》，现藏于故宫博物院，https://www.dpm.org.cn/collection/paint/228175。

② 曹惠民、李红权：《郑板桥诗文书画全集》，北京：中国言实出版社，2006 年，第 381 页。

语，作画写文一如心，郑板桥画兰，同样寄托着他的高士情怀。对于兰花，他曾题诗一首：

兰花本是山中草，还向山中种此花。尘世纷纷植盆盎，不如留与伴烟霞。

其诗飘逸悠然，明白豁达，如郑板桥其人，亦道出“兰花意象”的本质。君子清落，不同俗尘。

从兰草到兰花，文人取向几经变化，所言之事亦多为其人心声。君子之风，芳馨其德，亦是个人所托。文人将“山中高士晶莹雪”自深山请出，倾诉衷肠，以此明志；兰自始至终芳香自在，纤郁亭亭，不忘“世外仙姝寂寞林”。屈原明志汨罗畔，嵇康绝响广陵散，亦是为那君子之心，木石前盟。

三、楚地梅花：穿上棉衣再去看你

腊月，西伯利亚高压带追随太阳直射点南下，冷气越过蒙古高原，带来一城风雪。在外的旅人收拾好行囊准备返乡，袅袅炊烟飘浮在希望的田野上。山河素裹，树因风止，一派静谧之中，唯有梅花，舒展迎风。

万花敢向雪山中，一树独开天下春。

末冬初春的开花时间决定梅花凌寒傲雪的性格底色，暗香疏影是它给予人间的答案。梅花像是一个枢纽，连接春冬，踏着白雪晶莹，挂香披袄，敲开三月春晖。彻寒疾风难敌我，坐看人间爆竹花。

作为春色第一声，梅的历史，要从做饭开始。早在春秋时期，我国先民便意识到“梅”的作用。此时的它，还是一味调料，常与食盐一同出现，因其味酸，常作为醋的替代品。《诗经·说命》一篇有载："若作和羹，尔惟盐梅。"先秦时的调料远不如今日丰富，且不论辣椒、大蒜等增香作料，就连铁锅，也要到宋朝才能批量生产。饭菜寡淡，唯能以盐梅调和佐餐。因此，"梅"在善用赋比兴手法的《诗经》之中，也被用以引出"贤臣佐君"这一概念，成为良臣的喻体。

早期的梅花，更多体现出的是其实用价值，而其观赏价值，则要到西汉才能被人们发掘。葛洪所著的《西京杂记》提到，汉初修上林苑，各地均进献树种，名果佳树众多，其中便有朱梅、胭脂梅、紫叶梅、丽枝梅等七种。梅花本生于江南，多见于川、鄂两地，上林苑中得见梅花，可见梅花种植技术在西汉已取得一定成果。而扬雄在《蜀都赋》中亦提到，当时的蜀地城市已将梅花种于街道两旁，以作绿化装饰之用。

魏晋至唐，应是梅花文化逐渐兴盛之时。宋人杨万里在其作品《洮湖和梅诗序》一文中说，梅花在先秦时已为世人所知，但那时的人更看重它的果实而不是花朵，梅花真正闻名天下，还是要到南北朝时期。这一时期，梅花被大量运用在园林装饰之中，文人的目光亦为这寒风高士所吸引，赞颂梅花的作品大量出现。南朝刘宋名士陆凯，观梅有感，随即折下一枝递与驿站使者，希望能用快马将这一抹春色赠予好友，于是成就千古名篇：

折花逢驿使，寄与陇头人。江南无所有，聊赠一枝春。

冬去之时花尽落，唯有寒梅赠友人，江南名士言行风雅，确有魏晋遗风。咏梅之风，不独在民家，梅花作为观赏植物进入皇家园林的同时，也悄然为宫眷带来新的风尚。相传，南朝宋武帝之女寿阳公主曾在梅花树下午休，花瓣飘落额上，伸手可将花瓣拂去而梅痕仍在，更衬得娇艳非常。宫人随即争相模仿，时人称作“梅花妆”。至唐时，上官婉儿以梅花钿遮盖额上伤疤，又引得时人争相效仿，足见此妆之精妙。而寿阳公主也因此传闻，成为梅花花神。当然，这一说法并不绝对，民间流传的梅花神主要有三位，除寿阳公主外，还有宋人林逋、冯梦龙所撰《牡丹亭》男主柳梦梅。

唐人对梅花的种植，大多延续前朝旧法，无甚可说。唐代诗人写梅，也多取其凌霜傲雪的清雅之气，倒是王维在《杂诗三首（其二）》中有一句“来日绮窗前，寒梅著花未？”寄托诗人思乡之情，颇有新意。

今人谈起梅花，多有高洁孤傲的印象，论及源头，必有林逋一份功劳。钱唐林逋，力通经史，甘于平淡，向不入仕。四十岁隐居杭州西湖，结庐孤山，终身不仕，以梅为妻，以鹤为子，遂留下“梅妻鹤子”这一美谈。林逋居于西湖孤山，常驾小舟，往来于西湖诸寺，与高僧为友，若有人来访，门童便会纵鹤高飞，林逋见之，便会乘舟归家。当真一副神仙模样。或是因林逋曾居于此，孤山遂与庾岭、罗浮山一道，并称为赏梅三大名胜地。直至明清加入邓尉、西溪二处，才最终形成中国古代五大梅花名胜地。

林逋于孤山，作咏梅诗八首，极力突出梅花娴静、疏秀、幽香的特点，其中最著名的一句，当属《山园小梅·其一》：

众芳摇落独暄妍，占尽风情向小园。疏影横斜水清浅，暗香浮动月黄昏。

仅用“疏影”“暗香”两个词，便将梅花的身影勾勒得恰到好处，小园清幽、梅香枝遒之景跃然纸上。林逋对于梅花的称颂，配合他“梅妻鹤子”的传说，使得梅花形象到北宋之时开始发生转向。文人笔下的梅花，从最初单纯的芳香之花，变为有骨有气的傲雪高士。时人对鲜花的审美，也从唐朝盛行的牡丹，变为披霜覆雪的梅花，苏轼曾作《松风亭梅花》一首：

罗浮山下梅花村，玉雪为骨冰为魂。纷纷初疑月挂树，耿耿独与参横昏。

至此，梅花冰肌雪魄、冷傲孤高的高士形象初显。

宋人咏梅，原因多样，但就其与唐朝牡丹诗词的对比而言，宋人咏梅诗逐渐向着内敛、个人品德追求方面转化。相较于牡丹的盛世象征，梅花身上更多寄托着士大夫对个人道德品行的描绘与表达。士大夫以花明志，亦是先秦“比德”思想的复兴。宋人对儒家治世与安民思想的继承，同样体现在他们的表现手法当中。修齐治平，是渴望建功立业的士大夫共同的追求，个人道德水平的提高，是士大夫对自我修养的基本要求。德行无缺，方能辅弼君主、安抚百姓。从长安到洛阳，从牡丹到梅花，看似细微的转变之下，暗藏的是整个社会的思潮转向。

民间的景象又有所不同，首先是梅花内涵的延伸。宋真宗时期有位宰相，名为王曾，他在参加科考之前，曾作《早梅》一首，其中写道，“雪中未问和羹事，且向百花头上开”，而后，他以进士第一得入仕途。民间自此将梅花视作考运亨达的象征，元人科考之时，亦会互相赠梅，或者画梅，以表祝福。同时，梅花作为“东风第一枝”，也代表着春回大地、万物复苏。普通人家做寿时，常用绘有梅花图样的器具，以表长寿健康。蓬勃生气，是民间借梅花表达的主题之一。

其次，梅花盆景的生产技术取得进一步发展。随着宋代城市经济的发展，梅花盆景逐渐进入大众视野。能将春色移进室内，不必忍受寒风苦冻，对观赏者来说，也是美事一桩。宋人在将梅花移进室内的同时，还用绑扎、修剪等手法改变梅树长势，以求达到“古怪”的标准。范成大在《梅谱》中提到，宋人赏梅，“以韵胜，以格高，故以横斜疏瘦与老枝怪奇者为贵。”[①]元人则更进一步，采用“回”“屈”等手段，改变树形，以达到“虬枝屈曲”的效果。由此观之，宋元两代对于梅树的审美大抵相同，以“奇怪”为优。

靖康之后，宋室南渡，北风吹不过秦岭，牡丹被遗忘于洛阳，而本身发源于川鄂地区的梅花，就此得到前所未有的发展。适宜的气候、大量增加的观赏人群、商品经济带来的大量收入，共同促进梅花审美的繁荣。皇家园林、贵族别院自是不必多说，就连寻常士人或者百姓家中也都有梅树的身影。梅子春末结果，夏初则黄，伴随着雨季一起，把江南笼进烟雨之中。南宋皇室在一派烟波中，听得南朝钟响，吴钩男儿于螺髻之上，望断重楼。黄梅时节家家雨，青草池塘处处蛙。东风带来的雨水落尽于秦岭以南。

与这柔风疏雨一同到来的，是文人对梅花风骨的赞颂，陆游在《卜算子·咏梅》中写道：

---

① （南宋）范成大：《范村梅谱》，上海：上海书店出版社，2017 年，第 6 页。

无意苦争春，一任群芳妒。零落成泥碾作尘，只有香如故。

“贞节”二字，与浮华、软弱相对。宋高宗将临安称作行在，只能骗过享乐偷安之人。朝廷之外，依然有人在夜夜北望，期复山河。男儿到死心如铁，看试手，补天裂。遭人排挤、抱负落空，宝剑折锋，故人易老，终究无法撼动光复山河的决心。王师北定中原日，家祭无忘告乃翁。

赏梅之盛，成于南宋，自然也影响到元明清三代。梅花由江南向北方延伸，种植区域逐步扩大，一度被引种到今天的北京地区，改变“燕地自古无梅”的局面。康熙、乾隆二位最喜盆梅，晚冬早春时节，宫廷用花主要就是盆梅。清代专设南花园一处，用以放置各地进贡的四时花卉，自每年十一月始，此处便会安放各式盆梅，并有专人照看。乾隆甚至会亲自修剪盆梅，其在《御制静怡轩摘梅诗》一文中写道，“盆梅开太盛，摘使枝头稀”，可见乾隆赏梅水平之高。宫廷对梅花大为推崇，民间自然也会效仿，梅花艺术随之发展。与前代不同，元明清三代的梅花艺术，不再拘泥于诗歌创作，转而向绘画方面拓展。最具代表的有两位，元人王冕、清人金农。

王冕的故事不必多说，收录于《儒林外史》，讲述的是一个机智幼童坚守本心，惩处乡野恶霸，终成一代名家的故事。值得注意的是，王冕早年画荷，声名远播，但其最出名的作品，却是墨梅。王冕之梅，笔力强劲、收放自如，千丛万簇，千花万蕊，为密体写梅之先。另外，王冕画梅，还喜赋诗配文。“不要人夸好颜色，只流清气满乾坤”一句便出自其作《墨梅图》。从此诗亦可看出，梅花审美发展到元朝，在原本的“骨气”“生气”之外，再生出新题材——清气。这自然与两宋以来理学兴盛有一定关系，但背后透露出的文人气节亦值得关注。品德不再是证明能力的工具与辅弼之才的证明，文人开始探讨自我人格的完整与实现。

再说金农所画之梅，金农之梅，名气弱于郑板桥，却也自成一派。“密”与“叠”是其画作的特点，密于一枝，层叠有序，蓬勃盎然，热闹春色扑面而来。若说王冕画梅，重在风骨，则金农画梅，精于生活。金农五十学画，既不自卑，亦不气馁，巧学百家，融会贯通，以淡墨为干，倥偬寻觅五十载，浓墨点花，专精一处，老来逢春。

另外，梅花图样广泛出现在百姓的生活当中。吉州窑首用梅花，受新兴墨梅影响，其图案以折枝梅、散点朵梅为主。清代则流行冰梅纹，即以冰裂纹与梅花图样相配，寓意破冰驱寒，迎春换新。明清木制家具亦多用梅花图案，于高处或者衣架刻上梅花，取喜上眉梢之意。

明清梅花艺术的蓬勃发展还体现在其种植技艺中。早在南

金农《梅花册》[①]

① 金农：《梅花册》，现藏于故宫博物院，https://digicol.dpm.org.cn/cultural/detail?id=45e589df546145eb97791629bd5fccbb。

宋时，范成大便撰写出第一部梅花专著《梅谱》，明人王象晋在此基础上共收录梅花 19 种，记于《群芳谱》内。至清代，陈淏子著《花镜》一书，列梅花品 21 种，详述梅花产地与种植方法，是清代梅花专著集大成者。

回望梅花的种植历史，其自先秦以来，便为世人所认识、利用，因其花色、香味、习性，渐渐为历代文人赋予深刻内涵。傲霜斗雪、争报春晓，梅花伫立风雪之中，以玲珑身姿与松竹并称岁寒三友。又因幽宁香气，而为隐士、志士所推崇。穿过枝上冰霜、蕊上寒露，如见镜中晓月，如见心中至真。世人皆说寒冬苦，雪覆万里无春处。暂取枝头一寸香，坐看暖阳将春数。暗香流转，君尚不孤。

俏也不争春，只把春来报。

四、黄山贡菊：好看还能喝的皇家贡品

浔阳江头多故事，莫惜莫叹莫感伤。乘舟不顾过往，南山几度秋凉，枯叶飘零满地黄。我与寿客相饮酒，可怜好时光。言秋不必寂寥，采菊亦是悠然，陶渊明爱菊，世人皆知，豁达隐士，也从他说起。

在陶渊明之前，与众多花卉一样，菊花最先被人们关注到的是其食用与药用价值。《神农本草经》记载，菊花“主诸风头眩、肿痛、目欲脱、皮肤死肌、恶风湿痹，久服利气、轻身耐劳延年”。早期植物培育总带有明显的实用主义色彩，古人筛选品种时，也更看重植物本身的功效。菊花逢秋则开，遇凉则长，敛尽夏暑，又启冬寒，暗合其益气降燥之性。古人注意其药用价值的同时，亦将它作为气候变化的标志。《埤雅》有载，“月令九月，菊有黄华，华事至此而穷尽，故谓之鞠。一名节华，

亦取其应节候也。”[①] 农耕之人总是十分在意节气的变化，春种秋收，合时而动，应候而作，见菊花而知秋至，天人应和便是如此。

至东晋陶渊明种菊东篱以前，菊花的观赏价值鲜有人知，虽有曹魏钟会作《菊花赋》，但也只是赞颂其中颜色艳丽者，“芳菊始荣，纷葩晔晔，或黄或青。”可见此时的赏菊文化尚且停留在外形赏玩之上，对于菊花之精神尚无涉及。即使浪漫如屈原，亦视菊花如常物。最爱菊者，还是陶潜。

明人王象晋曾在《群芳谱》中考证，陶渊明所种之菊，“越人呼为大笑菊。花大，心黄，白瓣，有宽及二寸半者，其清香异常。”大笑大笑，宽心方笑，陶渊明所种之菊恰如其人，淡泊闲静，自在畅然，不闻世间繁杂事，一心只向东篱开。

陶渊明种菊，不仅开家菊种植之先，也将“隐士之气”悄然注入菊花当中。菊文化之始，当推陶渊明。菊与兰同为山中隐士，高傲贞毅，但相比起兰花的亭亭净植，菊花之气则多出

① （北宋）陆佃:《埤雅》卷 17《释草》，杭州：浙江大学出版社，2008 年，第 171 页。

一份豪迈。秋来当笑，舒旷自知，任狂风卷落，笑寒依旧。陶渊明不仅种花，更餐花、饮花。南朝檀道鸾在《续晋阳秋》中写道："陶潜九月九日无酒，坐宅边菊丛中，采摘盈把，望见白日人至送酒，即便就饮。"九月九日，乃是重阳。重阳之名，源自《易经》，阳爻为九，九为阳数，九九相重即为重九。重九登高饮酒之俗，相传起于汉高祖之时，具体原因不得知。值此节日，民间多采花酿酒，并称其为"吉祥酒"。不过，陶渊明所饮菊酒，并非以菊花酿制为酒，而是用酒将新鲜菊花浸泡而成。东晋时酒水蒸馏技术发展尚不完善，古人所饮之酒，大多是度数不高的米酒，用新鲜菊花浸泡大抵是取其香味，与今日的北京名酒菊花白，还是有一定区别的。

西晋刘伶以头巾筛酒，东晋陶渊明得酒便饮，二人相隔近百年，狂放之风却跨越时间。史湘云与贾宝玉曾向贾母讨要鹿肉，于芦雪庵烤食，众人见状，争相调侃。黛玉说："罢了，罢了，今日芦雪庵遭劫，生生被云丫头作践了。我为芦雪庵一大哭！"湘云随即答道："是真名士自风流，我们这会子腥膻大吃大嚼，回来却是锦心绣口。”[①]清透畅达，颇有豪侠之风，不愧为周汝昌最爱之红楼女子。古今距长，人心距短，名士之风不在高堂端雅，恰在莲台方寸中。

周敦颐写菊，说它是花中隐士，如此形容，虽抓住高冷之气，却输了畅达之风。菊花不畏秋霜，傲立园中，不同群芳争春抢夏，独享秋高之爽，若真要评价，当叫它“花中苏轼”。但在讲宋人之前，还是要把“话筒”短暂交给唐代文人。或是受到盛唐之气的浸染，或是边塞西风吹过长安，咏菊诗发展至唐，异军突起，霸气非常。落第秀才离开长安之际，笔卷秋风，写下千古名句：

待到秋来九月八，我花开后百花杀。冲天香阵透长安，满城尽带黄金甲。

此诗一扫秋日寂寞，平地卷狂风，甲光破重云。

① （清）曹雪芹:《红楼梦》第49回，北京：人民文学出版社，2005年，第665页。

宋人崇文抑武，太平景象之下，赏乐之风渐盛。菊花突破私家园林，走向大众，为世人所欣赏。《东京梦华录》有载，重阳日，开封有菊花展，此时的菊花已不再局限于黄、白二种，在宋代园艺师的手中，菊花发展出多种形态与品种，“黄白色蕊若莲房，曰‘万铃菊’，粉红色曰‘桃花菊’，白而檀心曰‘木香菊’，黄色而圆者曰‘金铃菊’。”[①]花业繁荣，促进社会审美的转变，北宋男子亦簪花，多选牡丹、菊花，与女子簪花交相辉映不同，男子簪花更多是由上层文人引导产生，文人以簪花为风雅浪漫之举，百姓则多效仿。这也反映出北宋时期，两京花卉产业的繁荣。

宋人赏菊，喜办花会。自宫廷至民间，年年重阳之时，皆群聚赏花。苏轼在《万菊轩》中写道：“一轩高为黄花设，富拟人间万石君。”《东京梦华录》中也有重阳赏菊的记载。当时的酒家，还会将菊花摘下，绑缚于门上，制成花门，再放于酒楼门口，以招揽顾客。由此还可见汴京百姓对菊花的喜爱程度。

---

① （北宋）孟元老撰，伊永文笺注：《东京梦华录笺注》卷8《重阳》，北京：中华书局，2006年，第817页。

艺菊，即菊花园艺，在宋代发展到新的高峰。“菊塔”便为其中代表，并对明清菊花艺术产生深远影响。菊塔，即以小菊百朵甚至千朵扎成宝塔形状，多用于庆贺重阳或参加花会。金、元两代将这一技术进一步发展，北京地区的赏菊、菊园艺术渐渐成风，元代还出现以菊花为主的盆景技艺，极富表现力。同时，宋代也是菊花艺术迅猛发展的年代，除品种数量激增之外，宋徽宗时，彭城人刘蒙便写出我国第一部菊花专著——《菊谱》。南宋时，范成大又作《范村菊谱》，除收录菊花种类之外，还详列菊花栽培技术以及修剪、移栽等经验，可谓集唐宋菊艺之大成。在范成大所编菊谱中，可见宋朝就已经培育出复色菊花，名为胭脂菊，深红浅紫。范成大对于菊花艺术的贡献不止于此，其在《菊谱》中提到，菊花生于秋日，为金中之土，且黄色在五行中为中央之色，故而，黄菊当为百菊之中最尊者，刘蒙亦发表过相同看法，此二人对于黄菊的论述，在很大程度上影响到后人对于菊花的种植取向。除黄菊、胭脂菊外，南宋史铸著《百菊集谱》，首次出现墨菊、绿菊品种。同牡丹一样，菊花育种技术，到宋代取得很大突破。宋代也确为中国园艺史上很为重要也很有建树的时代。

菊花审美在宋代还发生过巨大转变，与前代酷爱菊花消瘦零落的心态不同，宋人赏菊亦关注其中肥厚宽瓣的品种，所谓“高艳遮银井，繁枝覆牙床”，花型较大、花瓣宽厚的菊花，在宋代衍生出“富贵”的意韵，与陶渊明时期的审美，已大相径庭。

另外，菊花在中国绘画史上，具有非凡地位，《宣和画谱》论述花鸟画作时说：“花中以牡丹芍药，必画比以富贵，向松竹梅菊，必画比以见幽闲。”菊花的幽闲隐士形象，在宋代得到传承与发扬。宋人多借菊花表达个人贞节志向。南宋郑思肖有名句：“宁可枝头抱香死，不肯零落北风中。”说的便是其人一腔爱国之情。

明清时期，是菊花艺术的昌盛期，不仅菊花品种增多，在赏菊、艺菊方面，也取得长足进步。明清时，北京作为政治、文化中心，艺菊事业快速发展，上至王公，下至百姓，都参与到赏菊的风潮当中，养菊、艺菊的习惯逐渐养成。重阳时节，北京大小街道均会摆放菊花，布置成花山花城，而兴于两宋的菊塔，此时更是司空见惯。《燕京岁时记》曾记载清代赏菊花会的盛况："每届重阳，富贵之家，以九花数百盆，架度广厦中前轩后轾，望之若山，曰'九花山子'；四面堆积者，曰'九花塔'。"[①] 此时的花会，比拼形式远超前朝，出现砌花路、搭花桥、盖花楼等系列活动。重阳之日，热闹非凡。明清的菊花审美，不再拘泥于花型的选择，香味也是明清花艺中较为看重的一点。《群芳谱》有载，清代园艺人曾培育出带有浓烈香味的菊花，如檀香球、麝香黄、黄木香、龙脑等，但这些特殊品种均未流传下来，今人只能从古籍的只言片语中感受明清花艺的繁盛。

园艺技术高超，在一定程度上也会促进花谱的修纂。明清时期，专门记述菊花品种及种植技术的花谱便达二十多部，其中邹一桂的《洋菊谱》，主要记录宫廷洋菊三十六种，是今人研究清代宫廷园林艺术的重要材料。

明清之人多画菊，唐寅、徐渭、郑板桥三人为其代表。

唐寅画菊，手法大胆，浓干淡花，高挑清细。其人虽以桃

① （清）富察敦崇:《燕京岁时记·九花山子》，北京:北京古籍出版社，1961 年，第 81 页。

花出名，但画菊亦有造诣。他曾为自己的《墨菊图》题诗一首，其中有一句“铁骨不教秋色淡，满身香汗立东篱”，如此意象，不仅融合陶渊明、黄巢等人风格，更突出其不甘摧残的心声。《桃花庵歌》逍遥自在，转卖桃花换酒钱。酒醒只在花前坐，酒醉还来花下眠，肆意之下，还是心意不遂、志向不舒的愤懑与感叹。徐渭画菊，与唐寅颇为类似，笔法流畅，浓墨重彩。他将画菊称为“扫菊”，扫的可能还是才知不展的郁闷。

相比之下，郑板桥所画之菊，便要简单明透得多。不过比起他的画，画边的题诗或许更为有趣，其有《画菊与某官留别》一首：

进又无能退又难，宦途局蹐不堪看。吾家颇有东篱菊，归去秋风耐岁寒。

此诗极具讽刺意味，极合郑板桥其人，而“吾家颇有东篱菊，归去秋风耐岁寒”一句，似乎又有陶渊明的气质。郑板桥，耿介狂士，不向仕途，饮酒书画，应对陶潜之心境亦有所感。

菊花生于夏秋之交，收燥清火，益气延寿，常做药材之用。南朝萧梁之时，便有文艺作品记录妇女采菊售卖的场景。到唐宋时，菊花已开始批量种植，以供药用。宋人还培育出邓州白、邓州黄两种新式药用菊。两宋园艺的发展，不仅为人们留住满城秋色，还为百姓提供去火之方。清人凌奂在《本草害利》中，对药菊功效做过点评，认为滁州菊，单瓣白色而味甘者，为上品；杭州黄白茶菊，微苦，较滁州菊次之。清代是药菊培育的鼎盛时期，经过人工培育与筛选，如河南怀菊、安徽亳菊、滁菊、贡菊，浙江杭菊等品种先后出现。安徽贡菊更是因其优良品质，而被选中每岁贡品，进献宫中。

贡菊在如今，不算难得，茶楼小坐，依窗听风亦是乐事。清茶下肚，心火顿消，看看手中茶，追溯时光远，所谓隐士之情，或能品得一二。百年繁华流去，寿客常开园中。秋高气爽，登高望远，曹公在百年前便说过，秋光荏苒休辜负，相对原宜惜寸阴。陶潜避世，不为高士名节，亦不为后世名声，名士行事只为心之所向。依菊暂坐廊庭下，耳畔尽为清语风。何人说孤寂？更有菊与人。